教育部高等学校工商管理教学指导委员会旅游会展专业组 推荐教材

会展空间设计与搭建

主 审 马新宇
主 编 吴亚生 覃旭瑞

重庆大学出版社

内容提要

本书以会议与展览空间的设计语言的创立及应用为目的，以展示设计专业对空间语汇的使用为论述方向，结合建筑、社会艺术、展示行为模式以及人的行为尺度等展开论述。本书共有11章，包括：展示空间中的“人本关注”、展示空间的感知、展示空间的场地要求、展示空间视觉元素构成及参数控制、展示设计表达与深化、展示空间搭建材料分类等内容。

本书科学系统地引导读者去完整地理解展示空间中特定的空间的功能性需求，且列举有大量的实际案例，围绕这些案例设计独立的章节作业，使读者的学习更加具有针对性。本书既可作为高职高专会展策划与管理专业和旅游管理类专业的学生教材，也可作为会展从业人员的培训用书。

图书在版编目(CIP)数据

会展空间设计与搭建/吴亚生，覃旭瑞主编.—重庆：重庆大学出版社，2007.9(2016.1重印)
(全国高职高专会展策划与管理专业系列教材)
ISBN 978-7-5624-4234-9

Ⅰ.会… Ⅱ.①吴…②覃 Ⅲ.展览会—空间设计—高等学校：技术学校—教材 Ⅳ.TU242.5

中国版本图书馆CIP数据核字(2007)第117932号

全国高职高专会展策划与管理专业系列教材
会展空间设计与搭建
主 审 马新宇
主 编 吴亚生 覃旭瑞
责任编辑：江欣蔚 版式设计：江欣蔚
责任校对：邹 忌 责任印制：赵 晟
*
重庆大学出版社出版发行
出版人：易树平
社址：重庆市沙坪坝区大学城西路21号
邮编：401331
电话：(023) 88617190 88617185(中小学)
传真：(023) 88617186 88617166
网址：http://www.cqup.com.cn
邮箱：fxk@cqup.com.cn (营销中心)
全国新华书店经销
重庆华林天美印务有限公司印刷
*
开本：787×960 1/16 印张：15.25 字数：266千
2007年9月第1版 2016年1月第4次印刷
印数：6 001—7 500
ISBN 978-7-5624-4234-9 定价：27.00元

编委会

总序

进入21世纪以来，随着中国社会经济的飞速发展，综合国力的不断增强，国际贸易发展的风驰电掣，会展经济随之迅速成为中国经济的新亮点，在中国经济舞台上扮演着越来越重要的角色，正逐渐步入产业升级的关键历史时期。这一历史时期，会展业能够快速发展的关键是需要大量的优秀专业人才做支撑。据上海世博局预测，到2010年，上海世博会对会展人才的需求将达10万人。为了适应国内对会展人才需求的日益增长，我国各类高校纷纷开办了会展专业。据不完全统计，截至2007年4月，在全国范围内(包含港澳台)开设会展专业和专业方向的学校(包括本科、高职高专院校)有80多所，开设会展方面课程的学校已经达到100余所，这在一定程度上缓解了我国会展人才紧缺的现状。但是由于我国会展教育起步时间较晚，在课程体系设计、教材建设和师资队伍建设等方面缺乏经验，培养出来的学生在知识结构、职业素养和综合能力等方面往往落后于市场的需求。尤其是目前国内会展教材零散、低层次重复并且缺乏系统性的现状非常明显，很大程度上制约了我国会展教育和会展业的发展。因此，推出一套权威科学、系统完善、切合实用的全国会展专业系列教材势在必行。

中国的会展教育开办还不到10年时间，但我国的会展教育经过分化发展，已经形成了学科体系的基本雏形。如今，会展专业已经形成中等职业教育、高职高专、普通本科和研究生教育这样完整的教育层次体系，这展示了会展教育发展的历程和成果，同时也提出了学科建设中的一些迫切需要解决和面对的问题。其中最重要的一点,就是如何在不同教育层次和不同的教育类型上对会展教育目标和教育模式进行准确定位。为此,重庆大学出版社策划组织了国内众多知名高等旅游院校的著名会展专家、教授、学科带头人和一线骨干教师参与编写了这套全国高职高专会展策划与管理专业系列教材,以适应中国会展业人才培养的需要。本套教材的编写出版旨在进一步完善全国会展专业的高等教育体系,总结中国会展产业发展的理论成果和实践经验,推进中国会展专业的理论发展和学科建设,并希望有助于提高中国现代会展从业人员的专业素养和理论功底。

本套教材定位于会展产业发展人才需求数量最多最广的高职高专教育层次,是在对会展职业教育的人才规格、培养目标、教育特色等方面的把握和对会展职业教育与普通本科教育的区别理解以及对发达国家会展职业教育的借鉴基础上编写而成的。另外,重庆大学出版社推出的这套全国高职高专会展策划与管理专业系列教材,其意义将不仅仅局限在高职高专教学过程本身,而且还会产生巨大的牵动和示范效应,将对高职高专会展策划与管理专业的健康发展产生积极的推动作用。

在编写这套教材的过程中,我们力求系统、完整、准确地介绍会展策划与管理专业的基本理论和知识,围绕培养目标,通过理论与实际相结合,构建会展应用型高职高专系列教材特色。本套教材的内容,有知识新、结构新、重应用等特点。教材内容的要求可以概括为:"精、新、广、用"。"精"是指在融会贯通教学内容的基础上,挑选出最基本的内容、方法及典型应用;"新"指尽可能地将当前国内外会展产业发展的前沿理论和热点、焦点问题收纳进来以适应会展业的发展需要;"广"是指在保持基本内容的基础上,处理好与相邻及交叉学科的关系;"用"是指注重理论与实际融会贯通,突出职业教育实用型人才的培养定位。

本套教材的编写出版是在教育部高等学校工商管理类学科专业教学指导委员会旅游会展专业组的大力支持和具体指导下,由中国会展教育的开创者和著名学者、国内会展旅游教育界为数仅有的国家级教学成果奖获得者和国家级精品课程负责人,教育部高等学校工商管理类学科专业教指委旅游会展专业组负责人、中国会展经济研究会副会长和教育部高等学校高职高专旅游管理类专业教指委委员、湖北大学马勇教授担任总主编。参与这套教材编写的作者主要来自于湖北大学、上海师范大学、上海工程技术大学、厦门国际会展职业学院、浙江旅游职业技术学院、深圳职业技术学院、重庆师范大学、武汉职业技术学院、湖北经济学院、湖北职业技术学院、上海第二工业大学、上海新侨职业技术学院、上海工艺美术学院、福建商业高等专科学校、桂林旅游高等专科学校、南宁职业技术学院、广西国际商务职业技术学院、金华职业技术学院、江西旅游商贸职业学院、北京城市学院、昆明冶金高等专科学校、昆明学院、山东淄博职业技术学院、沈阳职业技术学院等全国40多所知名高校。在教材的编写过程中，重庆大学出版社还邀请了全国会展教育界、政府管理界、企业界的知名教授、专家学者和企业高管进行了严格的审定，借此机会再次对支持和参与本套教材编、审工作的专家、学者和业界朋友表示衷心的感谢。

本套教材第一批将于2007年7月后陆续出版发行21本，其中包括《会展概论》、《会展实务》、《会展场馆经营与管理》、《会展心理》、《会展项目组织与策划》、《会展旅游》、《大型活动策划与管理》、《展览服务与管理》、《会展典型案例精析》等。这套书中，部分被列选为国资委职业技能鉴定和推广中心全国"会展管理师"培训与认证的唯一指定教材。本套教材的作者队伍学历层次高，绝大部分具有博士或硕士学位以及教授、副教授职称，涉及的领域多，包括了经济学、管理学、工程学等多方面的专家，参与编写的业界人士，不仅长期工作在会展领域的最前线，而且是业界精英。另外，作为国内高校第一套全国高职高专会展策划与管理专业系列教材，教材内容和教材体系是动态开放的，随着会展业的发展，以确保教材的先进性和科学性，在23年后将对第一批部分教材进行修订再版，同时正计划开发第二批系列教材，也欢迎您的积极参与！

尽管作者和编委会本着认真负责的态度，尽到了最大努力来编写出版本套教材，但是由于会展业涉及面广，加之编写时间紧等多方面原因，本套系列教材的不足和错漏之处在所难免。因此，恳请广大读者和专家批评指正，以便我们不断完善。最后，我们期待这套全国高职高专会展策划与管理专业系列教材能够得到广大师生的欢迎和使用，能够在会展教育方面，特别是在高职高专教育层次的人才培养上起到积极的促进作用，共同为我国会展业的发展做出贡献。

全国高职高专会展策划与管理专业系列教材
编委会
2007年5月

目录 CONTENTS

第1章
展示空间

【本章导读】

本章着重探讨展示空间的基本属性,包括展示空间与建筑、环境的关系;展示空间的社会功能;展示空间涉及的对象;以及人在展示空间中的行为模式的界定。尤其是对展示空间的形态界定,首次定性展示空间属于试验性、临时性空间构筑体。

【关键词汇】

展示定位　展示空间　视觉传达

1.1 展示空间与建筑空间

1.1.1 展示空间是实验性的空间构筑

谈到空间构筑体依据传统的分类是以构筑体使用的时间长短来细分的。通常分为永久性构筑体和临时性构筑体。永久性构筑体,如建筑、纪念性标志构筑物、景观功能构筑物等,其结构材料必须依据非常严格的技术标准,满足各项物理实验指标。标准的制订通常是非常严格的,因为,构筑物本身要在使用时间内保证安全。而展示空间的构筑体在使用周期上相对于永久构筑物的使用周期要短,所以相对于永久构筑物在结构上、构筑形态上有更广阔的创造空间。因此,除了满足基本的展示空间使用安全外,设计师可以在形态结构上、材料选型上做不同的尝试。因此,展示艺术空间形态是实验性空间构筑的最好平台。

图 1.1 建筑物示样

由于建筑受到不同技术标准、地质条件、气候环境的限制,其结构承载装饰材料设备配置都受到了相应的限制(见图 1.1)。因此,建筑设计的发展史是材料工艺的技术发展所决定的,随着材料施工工艺的发展,建筑设计师才有了更多的形态选择。而展示空间设计师因其设计对象的形态与体量相较于建筑更趋简单,所以展示空间设计师有了更多满足主观意念的设计构思(见图 1.2 和图 1.3)。因此,近年来我们在许多国际性大型展会上能够欣赏到许多优秀的主体馆和摊位设计。

2005 年日本爱知世博会期间,日本政府有 3 个展区,分别为“长久手日本馆”(见

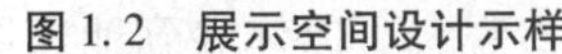

图 1.2 展示空间设计示样

图 1.3 展示空间设计示样

图 1.4 和图 1.5)、"濑户日本馆"及因特网上的"Cyber 日本馆"。"长久手日本馆"是一座用近 3 万株竹子覆盖的木制二层建筑物。政府馆的主题是"日本的经验:从 20 世纪的繁荣到 21 世纪的繁荣将重新连接开始疏远的人类和自然"。

图 1.4 长久手日本馆近景

在展区一,可以观看世界各地美丽影像,还可亲身感觉潜在的全球温室化和沙漠化进一步恶化的危机。

在展区二,参观者站在移动式人行道上,可以看到日本人在过去 60 年如何连接生活和自然,从中得到 21 世纪繁荣景象的启迪。

在展区三,具体提示了"自然与生命"、"人与技术"、"技术与自然"三大重要关系。主馆中直径 12.8 米(地球体积的 100 万分之一)的球体——"地球之

图 1.5 长久手日本馆远景

家”,是 360 度球型全天影像系统。在“地球之家”,参观者可以体验到地球原有的生命力。这座竹子覆盖的建筑物可降低室温,节约空调电力,还采用了降温系统,向屋檐上的光催化剂钢板上放流水,用汽化热降低室内温度。当光照射在二氧化钛上时产生氧化,来分解污秽和细菌的技术,有净化空气、净水、抗菌、防污等各种功能。利用阳光照射涂抹二氧化钛的钢板,使水的表面张力变小,形成薄膜的性质。根据阳光,加速光催化剂钢板上的水的蒸发,夺走周围的汽化热来降低室内温度。馆内的电力全部由太阳光和生物能等新能源系统供给,建筑物内还使用了生物分解性塑料墙壁等。

1.1.2 密斯·范·德·罗与展示功能建筑

巴塞罗那国际博览会德国馆,密斯·范·德·罗的代表作品,建成于 1929 年,博览会结束后该馆也随之拆除,其存在时间不足半年,但其所产生的重大影响一直持续着。密斯认为,当代博览会不应再具有富丽堂皇和竞赛角逐功能的设计思想,应该跨进文化领域的哲学园地,建筑本身就是展品的主体。密斯·范·德·罗在这里实现了他的技术与文化融合的理想。在密斯看来,建筑最佳的处理方法就是尽量以平淡如水的叙事口吻直接切入到建筑的本质:空间、构造、模数和形态。这座德国馆建立在一个基座之上,主厅有 8 根金属柱子,上面是薄薄的一片屋顶。

大理石和玻璃构成的墙板也是简单光洁的薄片,它们纵横交错,布置灵活,形成既分割又连通,既简单又复杂的空间序列;室内室外也互相穿插贯通,没有截然的分界,形成奇妙的流通空间(见图 1.6,图 1.7 和图 1.8)。整个建筑没有附加的雕刻装饰，然而对建筑材料的颜色、纹理、质地的选择十分精细，搭配异常考究，比例推敲精当，使整个建筑物显出高贵、雅致、生动、鲜亮的品质，向人们展示了历史上前所未有的建筑艺术质量。展馆对20世纪建筑艺术风格产生了广泛影响，也使密斯成为当时世界上最受瞩目的现代建筑师。

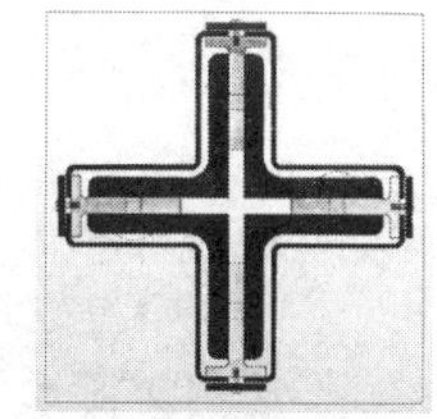

图1.6 德国馆所用十字形柱

图1.7 有十字形柱的空间展示

图1.8 德国馆场景

图1.6、图1.7、图1.8：巴塞罗那国际博览会德国馆的设计向人们展示了历史上前所未有的建筑艺术质量。对20世纪建筑艺术风格产生了广泛影响，建筑本身就是展品主体的思想和理念是展示功能建筑典型的理论基石。

1.1.3 展示空间的定位

从环境构成来说，展示空间的定位分为4个层次（见图1.9）。人处于中心地位；与人关系最直接最密切的是人工环境；再一层次是社会环境，当然人工环境中已经渗透着社会环境因素；最外围是自然环境，它以无法抗拒无法逃避的力量制约着一切环境因素。信息社会的环境构成依然是这4个层次，但各层次的内容已经不同以往。处于中心地位的人是正在享受高新科技并逐渐掌握高新科技的人，其改造自然环境的能力空前的发达；人工环境是以发达的计算机、网络技术以及通信技术等为内涵，逐渐高度信息化、智能化、高效化、虚拟化的人造环境；社会环境中人与人的交往、协作关系逐渐变得密不可分，在信息化的影响下人与人之间的距离客观上要求越来亲密；最后，自然环境逐渐受到人类高智能、高效率的生产活动的影响，有限的能源、资源和空间环境与人类无限的占有欲之间的矛盾日益突出，环境恶化越来越严重（见图1.10，图1.11和图1.12）。

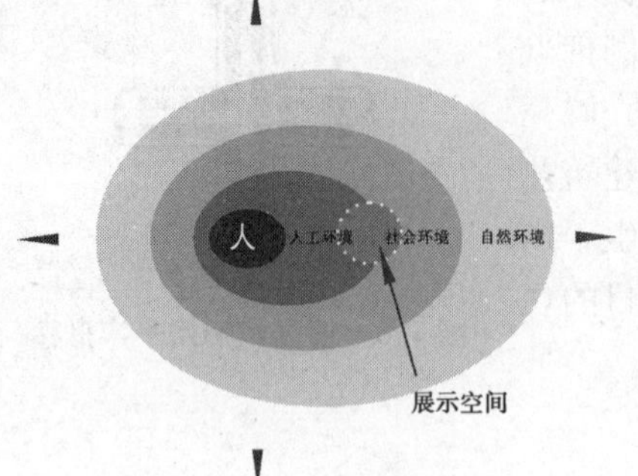

图 1.9 展示空间定位 4 个层次

图 1.10 人与环境

图 1.11 人与环境

图 1.12 人与环境

图 1.10、图 1.11、图 1.12：人在环境的 4 个层面上处于核心的位置，展示空间是一门综合了人工环境和社会环境的艺术。

环境作用于人的过程就是环境对人给予刺激的过程，人受到环境中各种元素的刺激，就要产生改造环境的心理，表现出环境设计的行为，这就是效应。信息社会的环境各要素对人的刺激的信息量和传递方式比以往的农业社会、工业社会要快得多，各种环境信息通过计算机网络以及发达的通信设备时刻都给人提供着刺激，人们不得不应对飞速发展变化着的环境，改造环境的活动也就空前活跃。当然，人和环境的相互作用还表现在人与人之间的信息交流和共享，个人和社会环境的关系也越来越复杂，人的社会性日益增强，从而也影响到个人空间、人际距离以及人的行为方式。

1.2 展示活动是一种社会活动

1.2.1 展示空间的商业价值

展示艺术是以科学技术和艺术为设计手段,并利用传统的或现代的媒体对展示环境进行系统的策划、创意、设计及实施的过程。随着人类社会的不断进步和人类文化的持续发展,展示艺术在人类经济与文化中的地位愈来愈重要,它既是国际经济贸易相互交流合作的纽带,又是科学技术及文化宣传的窗口,它在当今社会领域、信息领域和商业领域中充当着其他行业或媒体不可替代的角色,世界各国为展示自己国家的科学、经济、文化的发展及成就也是不遗余力,现代商业展示空间实际上就是一个大舞台,各国的人们都争相表演,展示国家发展的魅力,表现民族文化的精彩。现代商业展示空间的手法各种各样,展示形式也多样化,动态展示是现代展示中备受青睐的展示形式,它有别于陈旧的静态展示,采用活动式、操作式、互动式等,观众不但可以触摸展品,操作展品,制作标本和模型,更重要的是可以与展品互动,让观众更加直接地了解产品的功能和特点(见图 1.13,图 1.14 和图 1.15)。由静态陈列到动态展示,能调动参观者的积极参与意识,使展示活动更丰富多彩,取得好的效果。在商业展示活动中动态展示逐渐受大家的关注,如服装展示、汽车展示等,动态展示生动化,展示空间具有一种活力。通过视觉冲击力、听觉感染力、触觉激活力、味觉和嗅觉刺激感,娱乐色彩的环境、气氛和商品陈列、促销活动吸引顾客注意力,提高对展品的记忆,展示空间生动化比大众媒体广告更直接、更富有感受力,更容易刺激购买行为和消费行为。

图 1.13 动态(互动式)展示示样

图 1.14　动态(操作式)展示示样

图 1.15　动态(互动式)展示示样

图 1.13、图 1.14、图 1.15:现代商业展示空间的手法各种各样,展示形式也多样化,更直接、更富有感受力,更容易刺激购买行为和消费行为。

1.2.2　展示空间艺术与社会行为准则宣传

在商业社会高度发达的今天,各种信息渠道畅通无阻。人类文明成果从来没有像今天这样被快速传播到世界各地。人类正在经历着信息革命。人们的衣食住行等最基本的生活状态都在分享信息革命的阶段性成果。展示艺术作为社会化大众传播艺术无时无刻都在发挥其重要的引导和示范作用。如何展现高尚的生活价值,分享人类的最先进的物质文明和精神文明,指导公众的价值取向,是业者所必须面对的课题。对社会而言展示艺术的形式必须是健康的,展示艺术的健康主要体现在空间形态的象征性及视觉符号的选择上,空间形态的建构形式必须是富于美感的,这种美感是建立在人类共同的美学价值上的。任何病态的和矫揉造作的构造都应该是我们所摒弃的。我们所构筑的展示空间都应该以正确传达社会及商品信息,符合主流社会欣赏趣味为定位。在传达的信息内容上努力做到展示艺术的空间形态与形式美感的统一,充分满足公众对物质和精神两方面的需求,认真研究不同地域文化、不同地域信仰对空间符号及信息传达内容的差异;谨慎选择展示艺术的形式,避免不必要的冲突所带来的负面效应(见图 1.16,图 1.17,图 1.18 和图 1.19)。

图 1.16 展示空间示样

图 1.16:大面积的花朵图案作为展览的入口处的广告图形的主体,传达出展示的主题,传播出主题馆的内在信息和精神。

图 1.17 展示空间示样

图 1.17:通过平行直线性的折弯的走向变化,构筑的展示空间和所展示的服装品牌相互呼应,充满了浓郁的欧式风情。

图 1.18 展示空间示样

图 1.18:带有传统寓言故事情节的橱窗展示设计让人联想起童年许多美好的回忆,这是企业品牌展示中最有效、最直接的展示手段之一。

图 1.19 展示空间示样

图 1.19:把日本传统服装作为商场展示道具的主体,颇具商场的本土特色,体现出独特的地域文化和深厚的文化底蕴。

1.2.3 现代展示空间艺术的回顾

19 世纪前半叶,欧洲工业革命正如火如荼地进行,科学技术的飞速发展,使人类生活发生了巨大的变化。在英国,自维多利亚女王登基后,当时的英国在世界工业中一马当先。同时资本的高速聚集和运作,使英国成为当时欧洲金融的中心。这些因素触发了英国将在世界舞台上充当主角的欲望。此前,欧洲各国举办工业博览会已不是新鲜事,特别是英国、法国在工业革命的推动下,都举办了多届有影响的工业产品博览会,以此来推广本国的工业生产技术和宣传新产品。

1761 年英国首次举办了仅有两周但非常成功的工业展览会;

1828—1845 年,英国在国内组织过多次类似博览会的一些尝试;

1849 年,英国在伯明翰第一次为展览设计建造临时场馆。频频举办的工业博览会也使英国萌发了举办一次世界各国参与的博览会的想法。

成立于 1754 年的英国皇家艺术协会历来承担国家展览会的组织工作,担任皇家艺术协会主席的阿尔伯特亲王具有一种与传统理念所不同的开明思想和创新精神。在他的组织下,成功举办了 1847 年,1848 年的工业博览会。

1849 年,艺术协会开始酝酿筹划规模更大的博览会时,阿尔伯特提出要求"博览会必须是国际性的,展品要有外国产品参加"的设想,要求能在伦敦海德公园中找到最好的展览场地,以举办一届规模宏大的世界博览会。阿尔伯特认为:艺术和工业创作并非是某个国家的专有财产和权利,而是全世界的共有财产。

1849 年 6 月 30 日,一次历史性的会议在白金汉宫召开,参加者有皇家艺术协会成员、全国博览会组委会成员、建筑公司成员和阿尔伯特亲王。会上讨论了举办世博会的想法,同时就如何举办世博会做出了 7 项重要决定,这些决定为世博会举办确立了基本框架。会议决定将世博会展品分为 4 个大类:原材料、机械、工业制品和雕塑作品;将建一幢临时建筑作为世博会展馆;举办场地选在海德公园南侧;博览会将是国际性的,由国家发出参展邀请;组委会将提供大量奖金以鼓励参展者;将成立一个皇家委员会来主办世博会;世博会财政集资由艺术家协会负责。日后这些决定都被逐一实施,只是在评选奖励方面采用奖牌取代了金钱。会议之后,组委会立即起草并提交给政府关于成立世博会皇家委员会的申请。组委会成员拜访了英格兰、苏格兰和爱尔兰的 65 个城镇,试探了解国内著名的制造商们对世博会参展的想法,组委会还到法国等一些欧洲国家进行了游说，动员参展。

在1849年10月17日，组委会举行了一次大规模的公共会议，亨利·科尔(世博会的实施负责人)作为亲王的授权发言人，向伦敦市最有影响力的商人和银行家描述了世博会的整个计划。艺术协会的项目融资经过百般曲折也有了进展，佛勒成功地找到了两个投资商人，摩斯·詹姆斯和乔治·穆迪，他们以换取预付款5%的利息加上利润为条件，愿意提供启动资金。25万英镑的保证金解决了财务问题。很快，议会两院也以多数票同意在海德公园内举行博览会。

1850年1月3日，世博会皇家委员会成立。随后，维多利亚女王便以国家名义向世界各国发出世博会参展邀请!

1.2.4 现代展示场馆——水晶宫的诞生

玉莲承载7岁的小女孩，水上飘逸的绿叶居然轻而易举地承担起她的体重。

建筑师帕克斯顿翻开叶子观察其背面，只见粗壮的经脉纵横呈环形交错，构成既美观又可以负担巨大承重力的整体。这一发现顿时给了他灵感，一种新的建筑理念在脑中形成。

不久他在建造查丝华斯温室时，用铁栏和木制拱檩为结构，用玻璃作为墙面，首创了新颖的温室。他发现建筑除了简洁明快的功能之外，建筑构件可以预先制造，不同构件可以根据建筑大小需要组合装配，这样的建筑成本低廉，施工快捷。这一独特的构造方式也赢得了建筑业和工程业领域的赞誉。

帕克斯顿听说了在海德公园建造展览场馆之事，也目睹展馆征集方案的风波。他立即毛遂自荐愿意提供他的建筑方案。他写信给艺术协会请求对他的设计进行陈述，艺术协会同意他的请求，但给予的条件是：必须在两星期内完成方案，并带有详细说明；此外，建筑结构能够同时容纳一万人，并可展示来自世界各国众多的展品，而建筑的本身是个临时建筑，博览会后必须拆除。帕克斯顿接受了设计条件，并声明他会在9天内完成计划。

此后的几天，帕克斯顿家中夜以继日、通宵达旦地设计，他以立面、剖面图的形式画出了建筑的基本形态。

1850年6月20日，帕克斯顿带着他的图纸前往伦敦。

1850年6月22日，伦敦新闻画报再次刊登官方设计方案细节时，建筑委员会也见到了帕克斯顿的计划并迅速推荐给组织委员会，同时征求民众的意见。顿时，公众舆论偏向了这个新颖别致、优雅美观又是临时性的建筑设计。

在1852年出版的《为1851年万国工业博览会而在海德公园内建造的建筑》报告书中，作者查尔斯·唐斯写道：这个伟大的建筑由钢铁，玻璃和木头制成。最重的铸铁是梁架，长24英尺(1英尺=0.304 8米，下同)，没有一样大件材料超过1吨；锻钢是圆型、平型的钢条，角钢，螺母，螺丝，铆钉和大量的铁皮。木头用于一些梁架或桁架，主水槽和帕克斯顿槽，顶部梁骨，车窗锁和横梁，底层走廊地板，指示牌和外墙；玻璃是平板或圆筒状，10×49英尺的长方形，每平方英尺重16盎司(1盎司=28.349 5克，下同)。3 300个空心钢柱，同时作为平屋顶的排水管；为了解决玻璃上蒸气凝结问题，帕克斯顿设计了专用水槽，长达34英里(1英里=1.609 3千米，下同)长的专利水槽，并特别设计和制造了机器生产。窗条栏杆等也用发明的机器来上漆。在伯明翰的强斯兄弟生产了30万块玻璃，尺寸是当时最大的，他们设计制造了安装玻璃的移动机器车，使工人乘装玻璃车在敞开结构上进行快速安装……

图1.20 水晶宫照片

整幢建筑是现代化大规模工业生产技术的结晶(见图1.20)。

1.2.5 展览会规模及分类

展览的分类考虑两个方面：一是展览的内容，包括展览的性质、内容、所属行业等；二是展览形式，包括展览规模、时间、地点等。展览从性质上分贸易展和消费展两种。

贸易性质的展览是为产业即制造业、商业等行业举办的展览，展览的主要目的是交流信息、洽谈贸易；消费性质的展览基本上都展出消费品，目的主要是直接销售。展览的性质由展览组织者决定，可以通过参观者的成分反映出来。对工商业开放的展览是贸易性质的展览，对公众开放的展览是消费性质的展览。具有贸易和消费两种性质的展览被称做是综合性展览。经济越不发达的国家，展览的综合性倾向越重；反之，经济越发达的国家，展览的贸易和消费性质分得越清。展览从内容上分有综合展览和专业展览两类，综合展览指包括全行业或数个行业的展览会，也被称做横向型展览会，比如工业展、轻工业展；专业展览是展示某一行业甚至某一项产品的展览会，比如钟表展。

专业展览会的突出特征之一是常常同时举办讨论会、报告会，用以介绍新产品、新技术等。展会从规模上分，有国际、国家、地区、地方展，以及单个公司的独家展。这里的规模是指展出者和参观者所代表的区域规模，而不是展览场地的规模。不同规模的展览有不同的特色和优势。

展览从时间上划分的标准比较多——定期和不定期：定期的有一年四次，一年两次、一年一次、两年一次等；不定期展则是视需要而定长期和短期，长期可以是3个月、半年，甚至常设，短期展是一般不超过一个月。在发达国家，专业展览会一般是3天。在英国，一年一次的展览会占展览会总数的3/4。展览日期受财务预算、订货以及节假日的影响，分旺季和淡季。根据英国展览业协会的调查，3月至6月及9月至10月是举办展览会的旺季，12月至1月以及7月至8月为举办展览会的淡季。

大部分展览会是在专用展览场举办的。展览场馆最简单的是室内场馆和室外场馆。室内场馆多用于展示常规展品的展览会，比如纺织展、电子展等（见图1.21，图1.22，图1.23，图1.24和图1.25）；室外场馆多用于展示超大超重展品，比如航空展、矿山设备展（见图1.26，图1.27，图1.28，图1.29和图1.30）。在几个地方轮流举办的展览会被称作巡回展。比较特殊的是流动展，即利用飞机、轮船、火车、汽车作为展场的展览会。

图1.21　室内场馆示样

图1.22　室内场馆示样

图1.23　室内场馆示样

图1.24　室内场馆示样

图 1.25　室内场馆示样

图 1.21、图 1.22、图 1.23、图 1.24、图 1.25：展览内容的不同从而直接导致了展示形态的差异，展示形式与展示内容功能的统一是展示设计的本质。

图 1.26　室外场馆示样

图 1.27　室外场馆示样

图 1.28　室外场馆示样

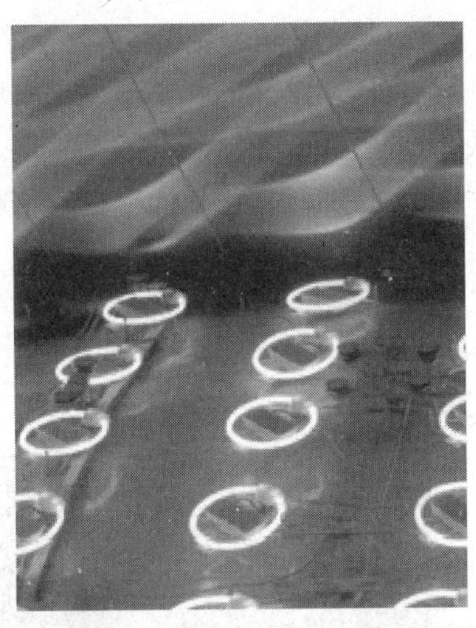

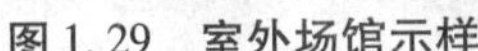

图 1.29 室外场馆示样

图 1.30 室外场馆示样

图 1.26、图 1.27、图 1.28、图 1.29、图 1.30：户外展示项目是商业展示项目中常见的展示形式，很多大型的户外巡展多采用模块化设计。材料和形态是关键的制胜元素，户外的灯光设计同样也散发着迷人的魅力。

1.3 展示空间的解析

1.3.1 展示空间界面

广义的构筑空间包括由于建筑的存在而限定的所有空间，如建筑外部空间和建筑内部空间等。而狭义的空间则专指建筑内部空间。对建筑空间而言无法离开其在现实维度中几个基本方向的界面，如侧面、顶面和底面。地心引力的客观存在使建筑在上下两个方向的界面——顶面和底面与其他方向的界面在存在形态的可选择性上有巨大的差别。

1）展馆空间内界面构成

（1）基面

基面通常是指室内空间的底界面或底面，展示建筑中称为“楼地面”或“地面”。

基面一般分为水平基面、抬高基面两类。

①水平基面：

特性：水平基面在平面上无明显高差，空间连续性好，但可识别性和领域感较差（见图1.31）。

改进：通过变化地面材料的色彩和质感明确功能区域。

图1.31　水平基面示样

图1.32　抬高基面示样

②抬高基面：这是一种对大的展示空间进行限定的有效而常用的形式。抬高基面是指在较大空间中，将水平基面局部抬高，限定出局部小空间（见图1.32）。水平基面局部抬高，被抬高空间的边缘可限定出局部小空间，从视觉上加强了该范围与周围地面空间的分离性，丰富了大空间的空间感。抬高基面与周围环境之间的视觉联系程度，是依靠高度和尺度的变化而维持的。

a.抬高基面较低：抬高空间和原空间具有较强的整体感。

b.抬高高度稍低于视高时，可维持视线的连续性，但空间的连续性中断。

c.抬高高度超过视高时，视觉和空间的连续性中断，整体空间被划分为两个不同空间。

特点：内向性、保护性，多用于休息及会客场所。

(2)顶面

在实际展示空间中，顶面的设计形式往往是最主要的设计要素，它可以是摊位结构体系的一种自然反应，也可以与结构分离开来，变成空间中一个视觉上的积极因素。其设计手法如同基面，可利用局部的降低或抬高划分空间、丰富空间感，也可借助色彩、图案、质感加以改进空间的音响效果或给空间一种方向特性(见图1.33和图1.34)。

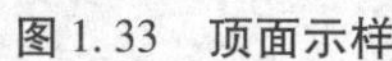

图1.33 顶面示样

图1.34 顶面示样

图1.33、图1.34:顶面的变化大大增加了视觉上的可变性,丰富空间和活跃展会气氛。对于大多数展览展会现场中,只有大型的展位才会有顶面的设计,由于成本和时间的原因,有些展位参展商把顶面的造型用专业的舞台灯和行架代替顶面的造型设计。

(3)垂直面

垂直面一般是指展示空间的屏风及竖向隔断(见图1.35,图1.36,图1.37,图1.38,图1.39和图1.40)。

图1.35 垂直面示样

图1.36 垂直面示样

图 1.37　垂直面示样

图 1.38　垂直面示样

图 1.39　垂直面示样

图 1.40　垂直面示样

图 1.35、图 1.36、图 1.37、图 1.38、图 1.39、图 1.40：垂直面的设计和视觉感受非常的强烈，垂直界面的安排往往有着设计商业元素的多重考虑，认真的利用好、设计好垂直界面的问题可以解决很多展示问题，恰恰这些面往往是非常重要的展示界面，它的好坏涉及展品、展示的视觉系统和导向系统等问题。

界面特点：空间造型最活跃、视觉感受最强。

在展示空间限定中，垂直面设计首先要考虑视高的问题，因为展示空间围合的程度在很大意义上取决于摊位的总体高度。

高度小于 60 cm 时，空间无围合感；

高度达到 150 cm 时，开始有围合感，但仍保持连续性；

高度达到 200 cm 以上，具有强烈的围合感，且划分空间。

其次由于垂直面在一个空间中数量较多，因此其布局形式非常重要，常见的布局形式有3种。

①L型垂直面:围合感较弱,多作为休息空间的一角,典型的空间是围合成的静态的休息或交流空间。

②平行垂直面:具有较强的导向性、方向感,属于外向型空间,如走廊、过道等。

③U型垂直面:具有方位感,即朝向敞开一面,增加了空间的渗透感,是展示空间中一种最常见的形式

2)展示空间界面给人的感受

展示空间界面给人的感受源于空间界面自身的造型和界面所运用的材质两方面。在界面设计时要根据室内空间的性质和环境气氛的要求,结合现有材料、设备及施工工艺等对展示空间界面进行处理,既可赋予空间特性,还有助于加强它的完整统一性。

展示饰面材料的选用是界面设计中涉及设计成果的实质性的重要环节,它最为直接的影响到展示设计整体的实用性、经济性、环境气氛和美观效果。在材质的选用上应充分利用不同材质的不同空间感受,为实现设计构思创造坚实的基础。

(1)图案

图案大小选择时,运用大图案可使界面提前,空间缩小;小图案可使界面后退,空间感扩大。

(2)材质纹理或线条走向

选择材质纹理成线条走向时,一般其布局方向要有利于扩大空间感。层高低的空间墙面应尽量利用纵向线条,使空间感挺拔;开间狭窄的空间应利用一些平行于开间方向的线条来打破狭窄的感觉(见图1.41,图1.42,图1.43和图1.44)。

(3)材料的色彩、质地

用冷色调可使空间有后退感,使空间感扩大,但冷色调也会给人以寒冷的感觉,冬天阴面房间应谨慎使用。质地光滑或坚硬的材料,应容易形成反射,而使空间感变大,相反粗糙之感的材料会使空间变小(见图1.45)。

图 1.41　线条设计

图 1.42　线条设计

图 1.43　线条设计

图 1.44　线条设计

图 1.41、图 1.42、图 1.43、图 1.44:交叉的线条彰显出空间的力度,通透感的设计既围合成场的感觉,又对外围的空间没有阻挡,恰如其分地体现出空间的设计内涵,交织在一起的竖线条与品牌的内涵交错呼应,别具一格。

图 1.45　色彩设计

图 1.45:展位中心地带延伸出来的一条好像赛车车道的造型,把所展示的产品特点和属性直观地表现出来。红色的色调渲染出的活力和动感,也烘托出强烈的视觉意象。

1.3.2 展示空间组织

人们对空间环境气氛的感受,通常是综合的、整体的。既有空间的形状,也有作为实体的界面。展示空间由于静态展板及隔断屏风的不同的围合形式产生出不同的空间形态,而空间形态的不同对人会产生不同的心理影响。空间形态是展示空间环境的基础,它决定空间总的效果,对空间环境的气氛、格调起着关键性的作用。展示空间的不同处理手法和不同的目的要求,最终凝结在各种形式的空间形态之中。

1)展示空间感受

(1)矩形展示空间

矩形室内空间是一种最常见的空间形式,很容易与建筑结构形式协调,平面具有较强的单一方向性,立面无方向感,是一个较稳定空间,属于相对静态和良好的滞留空间,一般用于洽谈,现场小型会议等特定功能空间(见图 1.46 和图 1.47)。

图 1.46 矩形空间示样

图 1.47 矩形空间示样

图 1.46、图 1.47:大多数的展览会选择矩形的空间形式。由于中国目前大多数的展馆都是 20 世纪 90 年代后建设的,展馆多数趋于现代展示环境要求下的形态设计,这样矩形的设计和展馆的匹配性显得尤为重要。

(2)折线形展示空间

折线形展示空间(见图 1.48 和图 1.49)平面为三角形、六边形及多边形空间,如三角形空间,平面为三角形空间具有向外扩张之势,立面上的三角形具有上升感;平面上的六边形空间具有一定的向心感等。

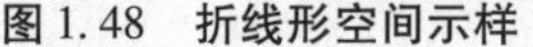
图1.48　折线形空间示样

图1.49　折线形空间示样

图1.48、图1.49:这样的空间形式多数应用在科技类的展览设计上,它的上升感、扩张感极大地引起观众的共鸣。

(3)圆拱形空间

圆拱形空间常见的有两种形态。一种是矩形平面拱形顶,水平方向性较强,剖面的拱形顶具有向心流动性(见图1.50);另一种平面为圆形,顶面也为圆弧形,有稳定的向心性,给人收缩、安全、集中的感觉(见图1.51)。

图1.50　圆拱形空间示样

图1.51　圆拱形空间示样

图1.50、图1.51:圆拱形的设计带给人的是安全和稳定,尤其在大面积的展示设计中顶面的处理采用得较多,配合光的设计和应用,圆形的设计显得大气富有张力。需要注意的是材料的选用尽量采用轻质材料,可以大大减轻立面的承重,从而提高安全系数。

(4)自由形空间

平面、立面、剖面形式多变而不稳定,自由而复杂,有一定的特殊性和艺术感染力,多用于特殊娱乐展示空间或艺术性较强的展示空间(见图1.52,图1.53,图1.54和图1.55)。

图 1.52 自由形空间示样

图 1.53 自由形空间示样

图 1.54 自由形空间示样

图 1.55 自由形空间示样

图 1.52、图 1.53、图 1.54、图 1.55：自由形的空间可以极大地发挥设计师的自由度，对于艺术和创意类的展览设计大多数采用以上设计风格，多变和自由是其最大的特点。

2)展示空间的类型

展示空间的类型可以根据不同空间构成所具有的性质和特点来加以区分，以便于在设计组织空间时选择和利用。

开敞空间和封闭空间是相对而言，开敞的程度取决于有无侧界面、侧界面的围合程度开洞的大小及启用的控制能力等。开敞空间和封闭空间也有程度上的区别，如介于两者之间的半开敞和半封闭空间。它取决于房间的使用性质和周围环境的关系，以及视觉上和心理上的需要。

(1)开敞空间

开敞空间是外向型的，限定性和私密性较小，强调与空间环境的交流、渗透或与周围空间的融合。它可提供更多的室内外景观和扩大视野。在使用开敞空间时灵活性较大，便于经常改变展示元素布置。在心理效果上开敞空间常表现为开朗、活跃。对周边空间形态关系上和空间性格而言,开敞空间相对更具收纳性(见图1.56和图1.57)。

图1.56 开敞空间示样

图1.57 开敞空间示样

图1.56、图1.57:开放式的设计带给人的感觉也是友好和融合,让人一目了然地了解展览的大体特征和设计风格。融合成为设计的主题,开放成为互动的推动器,没有隔阂,与观众零距离。

(2)密闭空间

密闭空间是内向型的,限定性和私密性较大,强调空间环境的内部交流以及与周围空间的隔离。它可提供更多的空间内部的聚集。在使用密闭空间时灵活性不大,不便于改变展示元素布置。在心理效果上开敞空间常表现为私密、融洽(见图1.58,图1.59,图1.60和图1.61)。

图1.58 密闭空间示样

图1.59 密闭空间示样

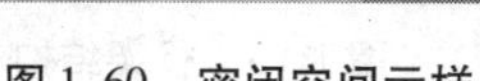
图 1.60 密闭空间示样

图 1.61 密闭空间示样

图 1.58、图 1.59、图 1.60、图 1.61：密闭空间带给人更多的是神秘感。由于不能直接看到展位的内容，大多数的人受好奇心的驱动，从而进入展览内部看个究竟，这样恰恰符合了设计师最初的设计初衷，因为吸引观众就是达到了展示所要传达的根本原点。

1.3.3 展示空间结构

展示空间结构最大的优点在于它形式的多样化，然而，在设计过程中结构工程师往往是被动地去满足展示设计师所提出的摊位造型方案，而不是在设计一开始就主动地参与确定形式，这对于初始形状不确定的展示空间结构就更不合理了，决定结构形式不仅要依靠展示设计师的直觉和灵感，也要更多地采用理性的科学方法。近年来在国外已出现了“系统展材展具”可用来构筑还原展示空间的结构形式。

系统的展材展具是专门就结构承重构件与形式之间的关系进行系统研究设计开发的系列产品，包含了对形状、材料、荷载与结构体系四大要素综合，如德国奥克坦姆系统科技公司原创的展示空间搭建系统。这是一个完整的构筑空间形态的结构体系，是由展示设计师和结构工程人员共同参与完成，结构优化已经被成功地运用在展示空间设计搭建中。由于展示设计师对形态多样化的追求，因此采用复杂程度更高的空间形态的搭建结构。为此，结合特定的材料，考虑更多场馆状况，展示设计师对更多空间形态的追求，以及以反复多重循环使用降低造价为推动力，都是使我国展示空间构筑结构优化的必要条件。展示空间结构除了静荷载之外，还要承受外馆搭建中像大风之类的外力作用。所以，展示空间结构设计都运用更积极的办法减少外部作用力，对风和其他外力进行主动地防护。因此，不断探索结构形式与结构防护的有效方法，必将使展示空间结构更加合理、经济与安全（见图 1.62，图 1.63，图 1.64，图 1.65，图1.66和图 1.67）。

图 1.62　五连组系列

图 1.62：五连组系列，适合展示平面和小包装的展品。

图 1.63　行架结构

图 1.63：国际标准展位的楣板展架系统中的行架结构。

图 1.64　两联组合系统

图 1.64：国际标准展位两联组合系统，适合小型专业商贸展示。

图 1.65　灯光系统

图 1.65：灯光系统，适合对小型展览做照明。这些灯光均采用 150 W，只适合在小型会议中使用，大型展会中由于自身光的亮度不够，没有太大的作用。

图 1.66　展架示样

图 1.66：展架交叉竖立，稳定性较好。

图 1.67　展架示样

图 1.67：展架的两侧可以摆放包装设计、中间的立板可以张贴平面设计、中间陈列小型包装设计作品。

1.3.4 展示空间意念

空间由于物体的分割、堆积、变化而形成形态各异的视觉效果，把一个模糊的东西变成有实际的内容。展示的空间像一个多变的“魔方”，同时也符合自然的规律与人性的情怀。由于“构点”的多变而渗入到每一个细小的空间角落，因此，感受的空间与形态的空间交迭变幻，使视觉形态、想象空间变得更加深远与辽阔，从有限走向无限。这一创造过程，这种释放意念、创造力的发挥使思维摆脱狭小的固有感知的束缚，展示空间设计就是从一个非自然、非感性的空间创造产生出更适合自然的、更富有人性的空间。我们不能征服空间，只能利用空间发挥它的优势，构筑出理想的空间效果，使视觉的语言符合传达方式，在空间中发挥更大的作用。

展示空间往往准备一年甚至几年，而建造、展示和拆展时间却很短。一些国际性的博览会在组织准备阶段花费了许多人力、物力，但展示的时间却很短，一切只留在记忆中。许多经典的空间构成、美的形态，一夜之间就消失了，如昙花一现，留下了美丽的瞬间，令人难以忘怀。但固定的展示场所如博物院、美术馆、民俗展览馆等，空间展示的时间概念同商业性的展示就完全不同，空间理念也有许多的变化。因而在空间设计上，必须明确展示的性质与概念，使空间设计的理念更符合主题的设计要求。

展示是流动的空间设计，人只有在行走中，才能体会空间的概念与接受视觉的传达。因而，人永远是活动的主体，只有商品—人—环境三者结合起来，才能给展示设计提供更大的空间，展示空间是一个大空间细化设计的物化过程，围绕着建筑空间与展览主题进行展示的个性化设计，也就是理性—感性—理性的一个思维创造过程，理念把一个空虚的空间变成有感性的充满活力的空间。

在一个庞大的建筑物里进行展示空间的设计，制约的因素很多，如建筑的梁柱、层高、固定的功能间隔、消防系统、空调系统、监控系统、弱电系统、道路导向等。空间理念的建立必须把诸多客观存在的因素考虑进去，把主观和客观的因素融入整体的设计当中。会展设计是一项系统的设计工程，视觉传达的所有手段与方法，都在展场上展示，内容、时间、形式和规模上具有很大的灵活性。主题的形象通过某一种形式不断地重复使用表达，空间的理念也建立在主题形式的基础上，更为鲜明。

1.3.5 展示空间中的视觉符号

从设计角度看,展示设计是个富于秩序的设计系统,展示设计的目的与展示功能的最终实现,是以占据一定场所空间为先决条件,并借助于实物、平面、多媒体、策划等专项视觉符号设计来传递信息的。因此,我们对展示设计的视觉符号进行罗列分析。

1)视觉元素

展示空间的设计是空间与场地的规划设计;是在人与物之间创造一个彼此交往的中介;是为展示活动提供一个符合美学原则的空间结构。它使观众犹如置身于一个巨大的艺术雕刻之中,使观众在其内部的流动之中感受超维时空的艺术魅力,它展示的是视觉符号的灵动美(见图1.68,图1.69,图1.70,图1.71,图1.72和图1.73)。其具体表现在以下几个方面:

图1.68 展示空间示样

图1.69 展示空间示样

图1.70 展示空间示样

图1.71 展示空间示样

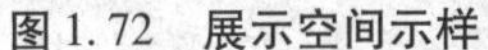

图 1.72 展示空间示样

图 1.73 展示空间示样

图 1.68、图 1.69、图 1.70、图 1.71、图 1.72、图 1.73："视觉符号"的展示传达无论在商业展还是在文化展览中，都有非常重要的地位。这种符号的传达是展览空间中的核心，也是设计和演示的焦点，时间、空间和人的流动构成了一幅壮观的画面。

(1)超维空间

物理学将时间与空间全部视为空间，空间只有以时间为基准，才能考查与确定其空间的功能，所以时空应该是一个统一体。而时间是衡量变化的尺子，时间的原则是涉及动的、力的原则，可见展示空间的美受特定时间的制约。人们是在时间的流动中全方位的去参与、去感受展示空间的可视、可闻、可听、可触的美。

(2)空间组合

展示功能的多元性，展示范畴的丰富性，展示性质的差异性，展示场馆、展厅、展示区与摊位的特殊性，展示结构方式的灵活可塑性，以及将展示形态的点、线、面、体的分散与组合，形成了展示空间多姿多彩的美感组合。

(3)展示空间的开放流动美

展示空间设计应为人们创造提供最好的信息传播方式，所以展示应力求打破封闭的模式，开诚布公地将信息诉诸大众，以努力促进主客双方的沟通。展示场馆是由"人—物"构成的川流不息的流动空间，展示功能是在人组织陈列物，物招引服务人的整体活动中，随着时间的推移和"人—物"的相互交流与沟通中来实现的，由此构成了开放流动的"物—人环境"的美感空间。

(4)展示空间的多元美感

展示的传达功能、营销功能、招引沟通功能以及生活娱乐与服务等功能的多元融合,决定了各场馆系列群体化的空间组合与空间变化的多元美感。

2)展示平面中的视觉传达

如果说展示空间的审美是空间形象创造和功能排布的结果,那么平面设计在展示设计中的审美表达就是信息的传达,它体现的是展示平面的情趣美(见图1.74,图1.75,图1.76,图1.77,图1.78和图1.79)。具体表现在:

图1.74 平面设计示样

图1.75 平面设计示样

图1.76 平面设计示样

图1.77 平面设计示样

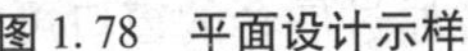
图1.78　平面设计示样

图1.79　平面设计示样

图1.74、图1.75、图1.76、图1.77、图1.78、图1.79：对于展示展览中的平面设计而言，最重要的功能是“信息”的传达。成功的展览离不开好的平面传达设计，图文等关键的信息都是从这些符号和版式中传递出来的，新材料和新展示手段的快速发展也成为传达的重要组成内容。

(1)“平而不平”之美

平面设计与空间、产品设计的结合，展示平面设计不仅注重平面设计的设计，而且更加注重这些设计作品在空间中的运用；平面设计与多媒体技术的结合，在多媒体技术引入后，展示平面设计发生了变化，其中一部分介绍性的图文内容转入到多媒体中去介绍，那么这一部分的版式也就转入到网页设计中去了。

(2)图文混排之美

这里的图文设计不再是简单意义上的版式设计。设计者将会涉及创意设计的范畴，以达到形象传播的作用，因而一部分展示图文设计的成果看起来更像是招贴或平面广告。

(3)材料工艺和特殊手段之美

展示中的平面设计早已超越了纸张与印刷的范畴，为了达到令人难忘的视觉效果，它可以是任何材料的，如玻璃、塑料、金属、织物、霓虹灯等。而这些在一般的平面设计作品中是很少见到的，形式也是介于平面与立体之间。由于材料的多样性决定了工艺的复杂多变，有金属镂空、激光雕刻、丝网、磨砂、染织等，至于表现手段的特殊性更是大大地得到了扩展，可以用投影、灯光以及多媒体等。

3)展示多媒体的整合

多媒体技术是近些年才引入到展示设计和表现中的新元素。近几年来电脑影像生成技术、自动化控制技术、大屏幕投影、超薄电视屏和触摸屏已经在展示中得到普及,许多空间与影像效果的实现已经可以依靠电脑技术来完成了。展示空间设计已进入到电脑虚拟设计的阶段,网络进入人们的生活,人们通过网络服务作为载体获得了空前广泛的资讯信息,同时逐渐接受了对生活体验虚拟化的趋势。这为展示设计提供了新的资讯传播手段和审美空间,展现了展示多媒体的映衬美。这种美有几个新变化:

(1)多媒体演示技术的引入

大大扩充了资讯信息的容量,这意味着参观者通过展台的窗口可以接入到更广泛的资讯网络中,使得审美资源可以共享。

(2)在审美空间面积上的节约

这一点在展示设计中具有尤为重要的意义,资讯展示的容量不再受到空间大小的制约,单位空间中资讯展示的流量呈几何级数的增长。

(3)在审美空间心理上虚拟空间具有更大的自由度

多媒体技术从空间的环境、参观者的视角,路径和情节上都具有现实空间中所无法实现的可能性,从而带给人们前所未有的更加真实的审美心理体验。

(4)在审美空间的运动和转化上灵活自由

如英国的格林威治为了庆祝新千年的到来,举办了千禧殿堂对话园地展会,英国电信公司在展览中创造了两个完全不同的区域"旅行"展区和"谈话"展区。"谈话"区是一对白色半透明的建筑,彼此倾斜像是在交谈,参观者沿着双层的通路从两个建筑中穿过。在这里提供给参观者关于当今世界交流沟通的诠释。在参观旅程结束时,参观者有机会自由交流,即通过在外部的发光通路上书写信息,或为网址创作一个形象,也可以发送一条电子邮件。这个展示的关键在于它的密集度、多样性,它通过形象、录像或静止的图像,通过在墙体上和透明展板上的文字和信息等多种媒体组合来表达展示设计的审美追求。

4)展示的意境

展示设计是借助视觉因素来表达某种意境、传达某种信息或情感的,并记忆着传达者的表述,引导观者的感情与臆想相互作用,加深观者的记忆和对于信息的理解,因此展示设计的意境具有特殊的视觉意义,这种视觉意义主要通过形态的抽象美来表达。

形态抽象是长期以来由人类社会发展积累的特殊语言,抽象形态美的传达和接受是人类认识改造大自然和文化聚合的结果,尤其是造型抽象的接受能力,已经使视觉符号发展成为除语言文字外的更大众化的语言。

现代展示设计者往往在设计中运用抽象美引发意境的联想规律,用人对事物的视觉经验借以提高信息传达效果和丰富创意,在设计中对观者进行必要的限定和引导。如现代发达国家的交通指示符号设计就是由绘画—图案—几何、由具象到抽象的简化过程,蓝白色路标理解为道路指示,绿白色招牌理解为服务设施,驾车者只需注意招牌的颜色和大致图形,不必仔细读取文字说明,醒目的路标有瞬间识别的可能性,在这里,抽象美使可视物的一般性或常见性特征得以更醒目的突出,获得更深的意境。在现代大型展览项目中,也可常见展示造型形态组合,运用抽象美的元素变化对形态整体进行处理,如象征性用局部的红墙碧瓦、圆柱和适当对比色的组合,抽象出中国的民族文化视觉特点;用简洁的几何形态、绝少的黑灰色彩、精心组织的材料和边角处理造成严谨规范的抽象视觉特点的电器展;用金属管、厚织物、绳索等作为基本造型组成数量化的空间,抽象暗示一帆风顺的交通工具展等。我们可以感到气势恢弘的、明朗简洁的、细琐精细的、强烈刺激的各种不同类型的抽象展示造型形态,通过展品和意境抽象美的表达,显示出不同的设计风格或企业形象。

由此不难看出,在展示设计中,形态和元素如果仅用材料的“返璞归真”、造型上的“刻意求实”、意境上的“自然描绘”手段,就远不足以对展示目的进行适当表达,而用简单扼要的美的抽象造型元素对人的刺激和臆想进行引导和延伸,从而控制观众对展示主题和主体的认知、认同,才能使展示的功效适当的得以提升,展示设计的意境更加深远。

1.3.6 展示空间的多重性

1)空间的正负性

空间这个概念有着相对和绝对的两重性,这个空间的大小、形状被其围护物和其自身应具有的功能形式所决定,同时该空间也决定着围护物的形式。“有形”的围护使“无形”的空间成为有形,离开了围护物,空间就成为概念中的“空间”,不可被感知;“无形”的空间赋予“有形”的围护物以实际的意义,没有空间的存在,那围护物也就失去了存在的价值。对于空间及其围护物之间这种辩证关系,中国两千年前的老子曾做过精辟的论述:“埏埴以为器,当其无,有器之用。凿户牖以为室,当其无,有室之用。故有之以为利,无之以为用。”

2)空间的时间性

在展示设计中我们所说的空间是四维的,在此给通常意义上的三维空间加上“时间”这一概念。时间意味着运动,抛开时间研究空间将是乏味的,没有意义的。自爱因斯坦“相对论”提出以后,人们对空间的认识有了深化,知道了空间和时间是一个东西的不同表达方式。空间是可见实体要素限定下所形成的不可见的虚体与感觉它的人之间所产生的视觉的“场”,是源于生命的主观感觉。而这种感受是和时间紧密联系在一起的,人们在展示环境中对展品的观赏,必然是一种动态的观赏,时间就是动态的诠释方式。人在展示空间中,就必然体验时间的流逝和空间的变化,从而构成完整的感观体验。空间的时间性在展示设计中是客观存在的一个因素,充分运用时间这“第四维”是创造动态空间形式的根本,也是创造“流动之美”的必经之路。

3)空间的流动性

在展示环境中,空间具有流动性是必然的,是由展示空间的功能特点决定的。展示空间是一门空间与场地规划的艺术,是在特定的空间范围内用一定的表现手段向观众传达信息,它使观众犹如置身于一个巨大的艺术雕刻中,用陈列手法的动态表现,规划上有意识的引导,使观众在三维空间中体验时空产生的第四维效应。

1.4 信息传达——展示设计的重要组成部分

1.4.1 信息传达的基本样式

数字化时代的到来、科技的发展为人们带来了新的视觉体验。新媒体、新传播工具层出不穷,媒介的性质促进了视觉语言的发展,如从静态设计到动态设计,从固定的视觉编排到互动形式的可变设计。只是不管媒介与材料如何发展变化,视觉艺术设计都要实现信息交流的本质。视觉传达的信息载体是图形、影像、文字、色彩及它们之间的编排关系，以视觉方式的作用实现信息的交流。印刷设计、互动编排、影像视觉等都是实现视觉传达设计的媒介方式。

1.4.2 颠覆传统设计手法的实验

大卫长森的《印刷的终结》是一本在平面设计史上有革命意义的图书。这本关于作为大众传媒的印刷业正在走向没落的研讨集，仍然是以印刷的形式实现。有些讽刺意味的是大卫·卡森在许多年来都是一个绝少依赖电脑工作的平面设计师，从这点来说书名假定了他的设计作品都是在消亡的文化边缘进行的一系列实验。正是卡森的设计给了印刷设计新的活力，印刷并不会真的终结，至少不会在短时期内终结。正如卡森所说的，每一个社会都有它的视觉环境，通过印刷他的书才得以实现。这本书在某种程度上讲是一部纪录片，它所纪录的是专业的平面设计唐突而迷惑的转入数码世界的时期。此书也奠定了大卫·卡森在设计界的地位。卡森在20世纪90年代中期开始将网络作为工作方向，关注交互设计。大卫·卡森的设计作品中充满了对于设计的提问，残缺的物品、污渍、被撕碎的纸片……处处看见秩序感的崩溃，设计中的自我与不确定性，典型的Grunge风格。Grunge的原意是肮脏、邋遢，不修边幅。设计中指那些不规范的、脏乱的、实验性的印刷风格。Grunge作为一种设计风格，现在似乎已经失去了它的领先地位。正如Grunge音乐从地下走上主流又走向了衰落，它的意义在于它对传统设计手法的颠覆和革命。大卫·卡森说，设计工作是没有尽头的，总会有更新的语言产生。看起来卡森的设计作品颠覆了平面设计的传统与规范，可是在那些废弃的物品、被卡森捡来做设计的纸片中我们的微观世界被放大，从中找到一些关于生活的线索。这些作品使我们思索视觉传达的本质与视觉形式的力量，它提醒我们设计需要革新的实验。

1.4.3 信息资源多种承载形式

信息的爆炸发展带来介质的革命，基本的传播方式在悄悄改变，印刷也许不会终结，但确实在发生着巨大的变革，原来我们用纸张来印刷书籍报刊，而现在数字模拟带给这个时代全新的视觉空间和全新的观念。电子杂志、电子期刊已经成了人们阅读与获取资源的一个方式。在这里要关注的是视觉设计领域内的电子期刊，以FRANCIUM、NWP、IDN等新锐艺术设计电子期刊为代表。这些电子期刊的出现一般是以热爱设计的年轻艺术家自发组织，设计形式先锋、互动，他们的设计作品有受卡通、电玩影响的痕迹。这些电子期刊是设计艺术世界里以前卫、互动形式著称的先锋文化杂志。精美的视觉符号与动态图形给人充分的视觉刺激。Core77、Head Magazine、Phamous 69、Root Magazine、Setpixel……处处前卫、时尚,充分满足人的视觉欲望。

1.4.4 新技术与新艺术

分形艺术的出现只有十几年的历史,最初是数学词汇,在视觉领域内的应用一直有争论。但是它带来的视觉刺激不亚于有强烈感染力的艺术设计作品,并且也符合艺术美的原则。最大的"分形"一词译于英文 Fractal,系分形几何的创始人曼德尔布罗特(B. B. Mandelbrot)于 1975 年由拉丁语 Frangere 一词创造而成,词本身具有"破碎"、"不规则"等含义。分形艺术即分形图形艺术,是根据非线性科学原理,通过计算机数值计算,生成某种同时具有审美情趣和科学内涵的图形、动画,并以某种方式向观众演示、播放、展览,这样的一门艺术叫做分形图形艺术。分形研究中不断发现大批美妙的图形,它们不但令人们思索精神世界的清纯、完美的构型,更让人联想起现实世界复杂多变的自然结构,这些图形在装饰艺术方面有广阔的应用前景。但是它毕竟是纯数学产物,创作者需要有很深的数学功底,此外还要掌握编程技能。即使随意输入指令,通过计算机随机运算,也可以产生不可预知的神奇图形。所以目前关于分形艺术是不是艺术创造形式,以及它在视觉设计领域的运用价值都有一些争议。分形实际上是一个动态的过程,不管是数学方法产生的图案还是自然界中的个体分形形态,分形反映了结构的进化和生长过程。它是一种科学行为,但是越来越多的视觉艺术家已经关注到这种图形样式并且也开始有人尝试利用它来进行创作。至少它的图形表现和传统艺术一样具有和谐的美学标准。

1.4.5 影像视觉

影像创作可以包括独立短片创作、装置影像艺术创作、影视广告创作、视频影像编辑、特效处理以及新媒体设计等领域。这里的影像视觉泛指一切动态图形、图像、影像、声像作品中的视觉信息传达符号。

洛特曼在《电影符号学和电影美学问题》一书中,专门从符号学的角度阐释电影的本质和构成要素。洛特曼把电影看成是一种交际系统和符号系统,因此电影也有自己的语言,它由离散式的符号——镜头组成。镜头并不是最小和唯一的单位,因为镜头内部的每一个画面都具有意义,负载信息,可以视为一个独立的符号。影像创作中,视觉符号的表现形式一般为片头、片尾、字幕的设计以及典型角色形象设计、色彩设计等。它不同于二维媒介，影像视觉在呈现方式上因为图的播放的延续而有一定的时间性。

数码新媒体设计将文字、图像、影像、声响、动画、视讯等各种沟通形式进行组合，再通过网络将其综合，形成新的媒体网络系统。现代影像创作正通过新媒体技术的帮助以其完美的、超乎寻常以及绝对震撼人心的视觉及听觉效果，带给我们视听的颠覆性。由于新媒体技术的帮助，《泰坦尼克号》、《角斗士》、《魔戒三部曲》等都使观众感到了不同以往的视觉震撼。新媒体艺术是充满了全新实验精神的艺术创作活动，为艺术创作带来新的空间。视觉传达设计教育中因为新媒体的出现而增添了全新的视觉经验。

人的经济生活变化所形成的市场与时尚意识概念，人的文化艺术活动的丰富性、社会发展的多元性与生活形态的多样性，都对视觉传达设计的功能性质提出了要求，也使得视觉符号的呈现因技术的发展和介质的改变而颠覆了传统的概念。现代视觉传达设计因媒介的改变和科技的发展表现出空前的信息含量与技术因素表征。作为最靠近时尚并引领时尚的视觉传达设计，它与各种艺术形式的发展以及人的市场与时尚意识都有关系。每一种先锋艺术与实验作品的出现与发展都与当前的时代以及文化背景、社会背景有关，却又往往是先于它的时代的呼喊，它反映艺术家们的设计概念与艺术态度。风格只是形式，媒介只是工具，介质和技术都只是实现传达的手段，本质的还是组织语言实现有效信息交流。当前的视觉传达设计鼓励思考、创新、实验，我们拒绝平庸。数字时代，毋庸讳言，还会有更大的视觉迷乱与视觉震撼。

1.4.6 文字的编排与设计

文字作为信息传达的主要手段目前也是展示平面信息传达设计的主体，文字是展示平面信息传达设计中必不可少的元素，也是展示平面信息传达设计中的主要信息描述要素，所以展示平面信息传达设计中文字将占据相当大的面积，文字表现的好与坏，将会影响到整个展示平面信息传达设计的质量。展示平面信息传达设计文字的主要功能是传达各种信息，而要达到这种传达的有效性，必须考虑文字编辑的整体效果，能给人以清晰的视觉印象，避免页面繁杂零乱，减去不必要的装饰变化，使人易认、易懂、易读。不能为造型而编辑，忘记了文字本身是传达内容和表达信息的主题。

展示平面信息传达设计的文字编排与设计，重要的一点在于要服从信息内容的性质及特点的要求，其风格要与内容特性相吻合，而不是相脱离，更不能相互冲突。如政府展示平面信息其文字具有庄重和规范的特质,字体造型规整而有序,简洁而大方;休闲旅游类内容展示平面信息,文字编辑应具有欢快轻盈的风格,字体生动活泼,跳跃明快,有鲜明的节奏感,给人以生机盎然的感受;有关历史文化教育方面的展示平面信息,字体编辑可具有一种苍劲古朴的意蕴、端庄典雅的风范或优美清新的格调;公司展示平面信息传达设计可根据行业性质、企业理念或产品特点,追求某种富于活力的字体编排与设计;别出心裁,给人一种强烈独特印象。

在展示信息传达设计文字的编排与设计中,由于计算机给我们提供了大量可供选择的字体,导致字体的变化趋于多样化。这既为展示平面信息传达设计编辑提供了方便,同时也对编排与设计的选择能力提出了考验。虽然可供选择的字体很多,但在同一展板上,使用几种字体尚需精心编辑和考虑。一般来讲,同一展示平面信息传达设计上使用的字体种类最多只能有三四种。在展示信息传达设计上使用过多的字体是没有意义的。文字在视觉传达中作为页面的形象要素之一,除了表意以外,还具有传达感情的功能,因而必须具有视觉上的美感,能给人以美好印象,获得良好的心理反应。

1.4.7 图片的编排与设计

图片是文字以外最早引入到在展示信息传达设计中的对象。在展示信息传达设计可以图文并茂地向用户提供信息,成倍地加大了它所提供的信息量。而且图片的引入也大大美化了在展示信息传达设计。可以说,要使在展示信息传达设计在纯文本基础上变得更有趣味,最为简捷省力的办法就是使用图片。对于一条信息来说,图片对受众吸引也远远超过单纯的文字。

在展示信息传达设计图片的特点:一个特点是图片质量要很高。因为大幅照片使用在版面上,图片的分辨率必须很高,颜色对比要很大,一般来说,分辨率为 300 dpi 是大多数图片的最佳选择。

图片的位置、面积、数量、形式、方向等直接关系到展示信息传达设计的视觉传达。在图片的选择和优化的同时,应考虑图片在整体编辑计划中的作用,达到和谐整齐。要达到这样的效果,在展示信息传达设计图片的合理选用时,一要注意统一,二要注意悦目,三要注意突出重点,特别是在处理和相关文字编排在一起的图片时(见图 1.80,图 1.81,图 1.82,图 1.83 和图 1.84)。

图 1.80　图文设计示样

图 1.81　图文设计示样

图 1.82　图文设计示样

图 1.83　图文设计示样

图 1.84　图文设计示样

图 1.80、图 1.81、图 1.82、图 1.83、图 1.84:在大型展览展会中,图形传播的效果远远好于文字传播。对于品牌的形象一定要给予充分的重视和安排,可以从位置、角度、材料等方面综合考虑,某种意义来说,这种对于品牌的传播更注重传播的有效性。

思考题

1. 对展示空间的资料进行收集，整理出与场景图片相对照的分析文字，对每组图片的空间和界面进行分析。

2. 对展示空间的社会功能、展示空间涉及的对象、人在展示空间中的行为模式进行思考。

3. 展示信息传达设计图片的特点是什么？

4. 简述展示空间的多重性？

5. 展示平面中的视觉传达的美学内涵？

6. 简述展示空间的类型？

7. 以不同的材质制作完成不同形态的顶界面。

8. 选择不同的材质制作不同形态的界面，通过有效地组织表现空间的不同围合方式。

第2章

展示空间中的“人本关注”

【本章导读】

本章着重探讨展示空间的象征意义，展示空间的视觉元素传达的编排设计，展示空间的企业形象表现，展示形象的目光捕捉、记忆留存，以及创造的愉悦展示空间等。尤其是对展示空间的象征性、元素、隐喻、等进行界定，定性以人为主体的行为动机在展示空间中的演绎。

【关键词汇】

形态象征　空间元素　愉悦空间　动机需求

2.1 展示空间语言——人类沟通方式的延伸

2.1.1 空间形态的象征性

展示空间形态特征是展示主题营造的一个重要方面,主要指通过空间的尺度、形态、比例及空间的层次关系对人的心理体验的影响,令人产生领域感、私密感、亲切感,以及根据环境气氛的需要令人产生诸如夸张、含蓄、趣味、愉悦、轻松、神秘等不同的心理情绪(见图 2.1,图 2.2,图 2.3 和图 2.4)。例如利用对称或矩形的空间的严谨性,能营造庄严、宁静、典雅、明快的主题气氛;利用圆形、椭圆形的包容性的特点,能营造丰富、活泼的主题气氛;而用自由曲线造型对人更有吸引力,因为它有很强的自由度,更自然,更有生活气息,容易产生生命的力量,创造的空间有节奏、有韵律和美感,流畅的曲线既柔中带刚,又能有放有收、有张有弛,可以满足现代展示设计中所要求的简洁和韵律感。灯的形态做成弯曲的光带,地面上的铺装做出自由曲线纹理给人以空间上的引导是常见的手法;而利用残缺、变异的形态能营造一种时代、前卫的主题,残缺是一种

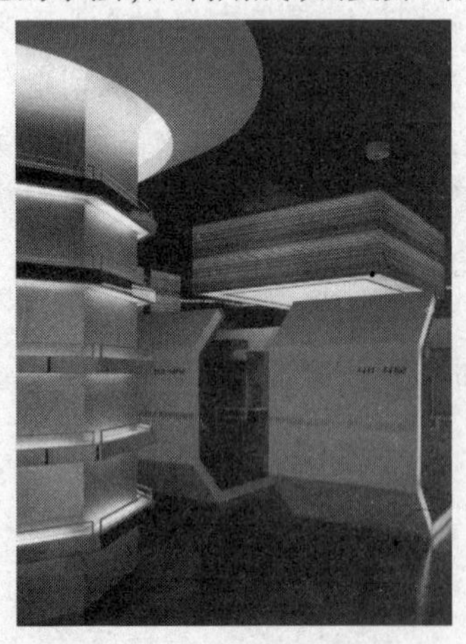

图 2.1　展示空间形态示样

图 2.2　展示空间形态示样

图 2.1、图 2.2:在空间象征意象的指引下,多数观众会不自觉地按照空间区分和判断自己所走的路线。空间的语言是充满魅力的,空间所营造出的不同风格和功能的形态留给人们更多的是便捷、安全、友好的界面和更好的互动。

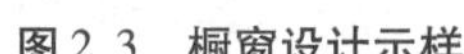
图 2.3　橱窗设计示样

图 2.4　橱窗设计示样

图 2.3、图 2.4：橱窗的商业作用不可低估，作为广告和信息传达功能于一身的载体，有着很长的历史，多年来发挥着重要的作用。橱窗的更新速度和风格是陈列艺术中特有的现象，不论春夏秋冬，还是昼与夜，这种独有的艺术载体散发的迷人魅力，让人驻足。

不完整的美，残缺形态的组合会有神奇的效果，会给人以极大的视觉冲击力和前卫艺术感。展示造型艺术形象的塑造往往要考虑以下两方面。一是具象关联，即直接从代表性的形式中截取形式鲜明的形式构件，将其加以变形、重组，作为一种符号，成为社会文化的载体，与人类的审美认知产生联系。二是抽象关联，即通过分析展示形态、形式材料等内在关系，通过符号学的原理，从中找出具有人文内涵的形式关系和原理，将其作为展示的意义载体，通过人的联想感知进行展示意境的表达。

2.1.2　展示空间形态元素与企业形象

1）企业形象的含义与特征

企业形象是指一个企业在用户和社会公众心目中的总体印象或者说是消费者和社会公众对企业的整体认识与综合评价。其英文全称为 Corporate Identity System 其缩写为 CI，有时也称为“企业识别”或“企业个性”。

从哲学的角度来看，企业形象是主观和客观的统一，具体和抽象的统一。它可以分为内在形象和外在形象。内在形象是企业在内部职工心目中的形象，它在很大程度上左右着职工对自己工作的选择以及他对所从事的工作的态度。外在形象是企业在外部公众和消费者心目中的形象，它表示企业对外的知名度和美誉度及外部公众和消费者对企业的信心。

2)良好的企业形象的特点

(1)整体性

企业形象包含的内容范围相当大从物到人,从产品到服务,从经营到管理,从硬件到软件,无所不及,具有多方位、多角度、多层面、多因素的特点。

(2)对象性

企业形象在不同的社会公众心目中有自己不同的理解和认识。企业要与方方面面的公众打交道,而公众自身的需要、动机、价值观、爱好、文化等千差万别,导致他对企业形象认识途径和认识方法上有所不同。

(3)效用性

企业形象代表企业信誉、产品质量、人员的素质、股票的价值等,是企业重要的战略资源,是企业的无形资产,也是一种生产力。

(4)相对稳定性和可变性

企业形象一旦在消费者心目中形成一种定势很难改变,即俗话所说的"先入为主",表现出相对稳定性的特征。但相对稳定并不意味着一成不变,只要企业变化的信息刺激足够大,并且这些变化是公众所关注的,那么公众对企业的态度和评价就会发生变化。

企业标志作为企业形象视觉传达要素的核心,代表着企业的理念、经营的内容和产品的特质,也是发送企业情报传达信息的主导力量。在展会中,企业的展示空间设计无疑是企业最显眼的一张"脸蛋"。而企业标志则是展台设计形式因素的来源和统领,它的形状和色彩,不仅可为展台设计画龙点睛,其凝练的构成元素也足以表现好整个展示形象。延伸标志形象,执行企业标准色,是被广泛采用的展示设计手段,具有突出企业品牌,增强展位整体效果的作用。标志一般由标准图形、标准色彩、标准字体三部分组成,无论哪一部分都是以企业性质、产品功能用途、经营理念等为设计依据的。所以,如何将企业标志作为设计元素融入展台设计,是体现企业特性,突出展台设计效果的一个关键。

3)企业标志标准图形、标准色彩、辅助色彩及标准字在展台设计中的应用

展示空间基本造型是整个展台的骨架所在,是一个展示空间设计大效果形成的关键,对远视效果的影响尤为重要。参观者对参展商的第一印象总是从处于较远位置的展示空间设计外观得来,这一印象可能会持续很久,并直接影响参观者对参展商的态度、行为,最终影响参展效果。因而,在展示设计中对于整

体形态的把握显得尤为重要。

(1)标准图形的整体应用

企业标志的图形部分是整个标志的主体部分,是企业、商家为了便于信息传递而采用的图形符号。通过含义明确、造型单纯的符号形象将企业精神面貌、行业特征等充分体现出来,便于相关者识别。在展示设计中可将企业标志的标准图形形态,经过抽象、概括、立体化处理作为展示空间的整体框架,从而形成有别于其他展台造型完全体现企业自身特点的设计效果。目前,一些展台设计特别是大型特装展台设计中,就应用了这种手段,

(2)标准图形的局部应用

所谓标准图形的局部应用就是指以企业标志标准图形的局部形态,经过抽象、概括、立体化处理后作为展台设计的造型元素。由于企业的标志各不相同,并不是所有的标志图形都可以作为展台的设计元素,但至少可以把其中的部分元素拿出来进行处理,达到或基本达到通过企业标志来宣传企业的目的。这种方法在展示空间中应用得较为广泛。

(3)展示空间道具设计中标准图形的应用

这里所说的展台道具是指展架、展台、展板、咨询台、资料架、洽谈桌椅、隔断以及其他辅助设施。展台道具中标准图形的应用,就是指将标志的图形形态应用于展台道具的造型设计之中。

(4)企业标准色彩及辅助色彩在展台设计中的应用

色彩在所有艺术表现形态中,是最易感染人的心理,最易操动人们的知觉、心理与情感,使之产生好恶判断的方面。展台设计主要是利用色彩的知觉效应,来调节和创造展台的环境气氛。展示空间的色彩设计主要从以下两方面来考虑:一是色调,色调决定了空间界面的总体的色彩倾向和效果,体现一个企业的特征和性质;二是色彩对比,运用补色之间的对比关系能产生强烈的色彩冲突,从而刺激人们的视觉感官。色彩对比效果越强烈,越容易吸引观众的注意力,突出展台宣传的内容。展示空间色彩设计在考虑展出时间(季节)、展出地点、灯光照明调配等因素的同时,必须考虑企业及展品,应根据展品来选择、使用色彩。因为,参观者往往将展品与特定的色彩联系起来,两者相配,使用相联系的色彩来装饰展台表现展品就会使人产生一种"符合逻辑"的感觉,有助于记忆。此外,展台色彩设计还有一个简洁性原则,色彩变化过多则容易引起视觉疲劳反而达不到突出醒目的效果。运用企业标志中的标准色及其近似色,则能非常便捷的解决以上问题。标志的色彩设计具有极强的精确性和简洁性。从

精确性方面讲，标志对于色彩的选用是一切艺术形态当中最苛刻、最严谨的，必须符合企业产品的性质，什么样的产品就有什么样的特性，就必须用什么样的色彩去体现它；从简洁性方面讲，标志对于色彩选用一般不超过三种色彩。国际上许多大型企业的展台色彩设计总是以标准色为基本面貌出现，

(5)企业标准字体在展示空间中的应用

文字是最具说服力的内容，展示空间的整体造型和色彩是吸引注意力的直接因素。观众通过文字视听的直接诉求来准确传达企业形象，但文字往往也是最容易被忽视的部分。特别是冗长的句子，观众根本不愿花太多的时间来细细地观看，有业内人士曾指出，如果要用超过 3 秒钟时间去阅读那就太长了。相反，对于简短的文字可能会边走边看，在这一短暂的时间里进行理解、消化。因而，文字必须是简练易懂，同时有足够的说明力度，对字体、字型、色彩、尺寸都有一定的讲究。标志设计中的文字部分恰好完全符合这一要求。无论是从文字的内容组合，字与字之间的距离，字的形体、色彩以及尺寸大小都经过严格推敲、论证。一般标准文字包括中英文两部分，并以企业名称最直白的形式出现，在设计上要求具有强烈的个性和美感。不仅具备了简练易懂的特性，同时也具有足够的信息说明。因而，在展示空间文字设计上将标准字体直接拿来使用不失为一个既方便又实用的方法(见图 2.5，图 2.6，图 2.7 和图 2.8)。展示空间设计是一个有着丰富内容、涉及面广，并随着时代发展而不断充实其内涵的设计领域。企业标志为我们寻求个性的展示空间设计提供了丰富的设计元素与设计依据，将企业标志在展台设计中合理、规范地运用，往往能很好地体现企业特性，同时又能取得特色鲜明的展示空间设计效果。

图 2.5　展示空间文字设计

图 2.6　展示空间文字设计

图2.7 展示空间文字设计

图2.8 展示空间文字设计

图2.5、图2.6、图2.7、图2.8:品牌的内涵在展示设计中占有很重要的位置。企业的Logo由于是企业品牌的核心视觉元素,所以,对于CI系统在展示设计中的应用应给予极大的关注,同时,在实施中要注意规范,严格按照VI系统执行。

2.1.3 展示空间形象的记忆留存

展示艺术是实用性很强的艺术,任何一个展示设计都是为了某种目的去组织元素从而使之成为一个整体。在做一个展示设计时对空间进行功能分区是首要任务,也是能顺利圆满地完成整个展示过程的基本保障。功能分区是对展示活动的各种功能及其它们之间相互联系进行空间分析,使空间分区满足功能的需要。比如对展览会中的独立摊位的设计,就需要对空间进行功能分析,恰当配置诸如洽谈区、陈列区、商品或企业形象展示区等功能区域,同时还要考虑与整个展览会风格的协调统一(见图2.9,图2.10,图2.11和图2.12)。

图2.9 展示空间设计示样

图2.10 展示空间设计示样

图 2.11　展示空间设计示样

图 2.12　展示空间设计示样

图 2.9、图 2.10、图 2.11、图 2.12:展示设计重视人本的设计方针,以上设计说明了这一点。大众空间的设计往往是设计的重点,但也是设计的难点。各区域间的协调和统一,使空间分区满足功能的需要。

再如展示环境中的公共空间,是供大众使用和活动的区域,在规划时应当注意 4 个方面的问题:①必须方便进出,②有足够的面积,③有足够的空间让人们谈话而不影响其他参观者,④有提供休息、饮水的空间。当代的展示艺术已经发展成为现代科技成果的综合体系,所涉及的构成因素也愈来愈复杂,并且融入了数码手段、声光电一体的方法等,与之相呼应的便是功能空间的更新和增加。这为设计师对空间进行分析规划提出了更高的要求。就展示环境本身而言,采用合理的空间设计是构成展示设计中跳跃节奏、顺畅韵律等艺术效果的关键,正确处理和把握各功能空间相辅相成的关系是构筑理想展示环境的精髓。

2.2　展示空间语言与心理

展示空间艺术情感的聚集和表达是通过象征或寓意的手法表现出来的。体积、色彩、质地、肌理、形状、比例、布局等可视形象,这些造型媒介和语言,表达了展示空间的思想情感,展现了展示空间的形式美。在现代展示空间信息形态的整体结构中,展示空间的设计和视觉元素传达的关系,首先引发展示空间的审美情感。展示空间本身对展馆建筑及总体环境的尊重与和谐,直接影响展示空间信息的表现和传达。不同展示空间与其所处的场馆环境及建筑群体不同的序列构成,表达和传递着不同的美感体验和情感冲突,高大、神圣、幽静、雄强、威严……情感知觉产生于与环境的配合和关联。特定展示空间暗示了特定情感和特定色彩的特殊规定性,色彩在展示空间环境经营中的秩序,完全从属于展示空间传达的信息内容。展示空间环境的变化,弹奏出变幻莫测的色彩音乐交响。当然这种规定性还要与当地的文化、场馆建筑的功能及人们的习俗等紧密结合,才能相得益彰。爱知世博会印度馆的入口设计(见图2.13和图2.14),以传统的形体图形语言,阐述了“我像迎候神一样迎候你”这样一个理念,从情感上唤起人们对这个宗教文化大国的向往。同时,黄色的情调吻合并强化了这一理念,让人仿佛嗅到了淡淡的高香味,闻到了声声木鱼的敲击音。爱知世博会斯里兰卡馆(见图2.15和图2.16)的设计理念同样很好地将展示空间与当地的习俗、建筑风格相结合。

图2.13 爱知世博会印度馆入口

图2.14 爱知世博会印度馆内景设计

图2.15 爱知世博会斯里兰卡馆内景设计

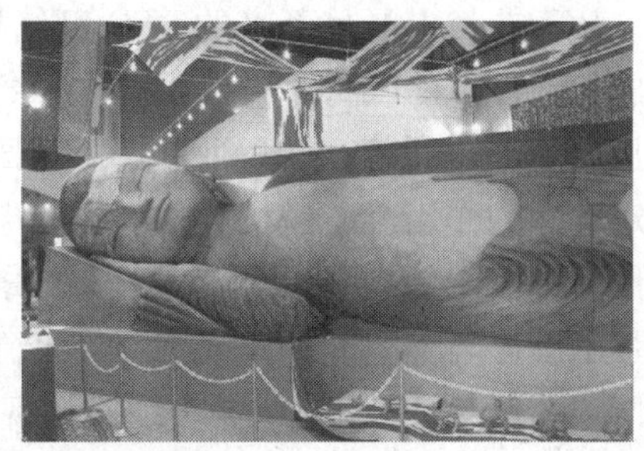

图2.16 爱知世博会斯里兰卡馆道具设计

不同国度、不同民族以及宗教信仰、欣赏习惯的差异,都能直接影响着现代人对色彩的心理感受,因此在准确把握色彩个性情感与展示空间表达内容的前提下,应密切关注人们的色彩喜好、审美习惯以及色彩的流行时尚。

2.2.1 空间形态与日光捕捉

汉诺威世界博览会日本馆的设计(见图2.17),为了把场馆建设中产生的废物降到最低限度,体现日本在保护生态环境方面的积极态度,建筑师采用了可回收的纸管以及其他相关的纸质制品建设场馆。这种材料的独到运用,既是日本传统建筑对纸质材料运用的现代展示，又是在张扬民族传统的基础上，宣扬本民族的价值取向、道德规范、聪明才智和勤劳简朴的精神风貌。色彩的选取则完全利用纸管和纸质制品的固有色，未加任何装饰性色彩。而媒体馆环境展示空间的设计，则以众多图书的书脊作为装饰墙面和空间分割界面，表达传统文化的媒介概念。

图 2.17　汉诺威世界博览会日本馆的设计

从天花板上悬吊下来的 UFO 型结构的电脑显示屏组合体，反映了互联网即将成为新世纪的媒介主流。形体的选择和情感的传达都是准确、恰当、到位的，而且用笔干净利落，流畅洒脱。更重要的是，材料在此不仅承担着架构空间和界定空间的作用，而且材料本身在与特定展示环境的特定造型相匹配的同时，被作为重要的信息展示传达载体，充分发挥其材质的特性美和感官的表现力，增强了整体环境空间的审美价值。纸制品的温和亲切、舒适安宁，传递着极富人情味的美感；UFO 型结构表现出的现代感、宜人的流线造型、稳重含蓄的灰色等，都与人的生理结构和特定心理需求相符合，质材的结构和性能与现代人的审美心理和生理结构间形成了异质同构，外界信息的传达和人的内心审美经验达到完美的对接。也就是说，材料的物理性能及给人的审美情感，同人的知觉反映及心理体验产生了和谐的美的共鸣。

水作为造型元素近年来也被大量使用了。汉诺威世博会的冰岛馆的设计，以钢结构构成一个表面有瀑布的蓝色立方体，其表面以两层塑料薄膜为外墙材料，内层为蓝色和半透明的，而外层则是透明的，水幕不断自上而下流淌，以此象征这个岛国的地理特征。确切的设色，准确的定位，大胆且富有创造性的材料贴切使用，都对人们产生了强烈的震撼。

2.2.2 展示空间形态与隐喻

现代生理心理学的大量实验，揭示出每个人可能都有自己的时间与空间感受，人的心理活动就是以这个时间与空间的个性为基础的。展示空间的隐喻概念是由一定的空间形态引发的，许多形态与人存在着相应的心理效应和认知的关系，这是一种中介，由之建立起形态与人的隐喻对照关系。一些特定形态与隐喻概念存在由复杂因素造成的对应关系。不可预测的、迷惑的、奇异的形态造成人的长时间持续的心态紧张和难以理解，这样的心理效应与人的“奥秘”、“高不可攀”、“超凡”等概念所对应的心理效应是一致的，那么某种似乎怪诞的、神奇的建筑形态显示着深刻的思想就可以理解了。显然，离开了相应的心理效应和认知关系，隐喻就无法成立。空间也同样使隐喻引导着对情境的理解，例如有些纪念性的建筑，并不是靠高大的形态取得震撼人心的情感力量，而是靠整个环境的肃穆、严谨的意象来达到既平易近人又给人以强烈的情感震动，由之获得纪念的隐喻效应。

1)隐喻的变化

隐喻在长久的使用过程中所形成的固定模式有些会失去它们本来的力量，这可以用“老化”来形容。由历史文化积淀下来的隐喻一般让人易于理解，这种公用隐喻的起源的研究涉及宗教、文化史。由展示设计师自己把一种形态作为某种深意的隐喻，则是一种私设的隐喻。尽管这种隐喻也许带有某些人们共同经验的成分。对隐喻的多义性理解决定于人类的经验差异，在建筑中隐喻的概念是由形态来确定和显示。例如，在古代西方教堂中有前廊和前庭，对于教徒，在理念上是隐喻从俗界到圣域的阶层过渡过程，但是对于没有宗教经验的人，则仅是一种感觉适应的过程。另一类隐喻则依赖文化的经验和某种提示的背景，因而这类隐喻结构会在不同的文化中具有不同的意义。隐喻的文化基础决定了不同文化背景的人对同一建筑有不同的理解和解释。某些与宗教信仰、迷信思想或其他思想意识相联系的隐喻，只有在社会传统信仰依然存在时才会有效应。隐喻中也存在着对某种历史的或特定文化的暗示，即通过某种形态使人产生历史或文化的概念。以展示空间形态隐喻某种抽象的观念是现代展示空间深刻艺术表现的一个特征。以相互矛盾的形态隐喻对宇宙本质的认识，这就是矛盾的事物同时也是互补的事物，借此造成强烈的视觉效应和引发人的深思。

2)隐喻的形式

任何观念必须落实到相应的实体形态以及空间上才有意义。这种形态与空间又引起观者相应的视知觉效应和认识过程,从而完成隐喻功能。隐喻在展示空间中常以格式塔结构显示(见图2.18,图2.19和图2.20)。如中国民居的不同"间"的布局就是以中国古代的社会伦理意识为准则的,各体现出等级的观念和"风水"的意识。在观念的隐喻中,装饰隐喻富有(包括物质与精神的富有)或强大、或显赫。例如绮丽壮观、富丽豪华的装饰可以体现出人的地位。以形态隐喻观念,我们可以发现,这与词汇的隐喻性关系很大。因为观念本身即来源于具体的形态图像,所以现在不过是向相反的方向倒推。

我们可以初步提出以下一些隐喻模式的格式塔:

高的形态隐喻:高尚、珍贵、强烈、浓烈、权力、健壮、强大、阳性、激扬。

凹低的形态隐喻:平凡、亲近、消极、压抑、普通、私密、实用。

对称的形态隐喻:稳定、权威、尊贵、可靠、完美。

图2.18 展示空间形态隐喻示样

图 2.19 展示空间形态隐喻示样

图 2.20 展示空间形态隐喻示样

图 2.18、图 2.19、图 2.20:观念最终的视觉载体就是相应的实体形态。任何一种形态都有其本质上的隐喻,对于设计师而言,对自身这种修养的培养显得非常重要。

2.2.3 创造愉悦心理的展示空间

人与环境总是通过某种相互的作用来达到一种平衡，在这一动态平衡中走向进步与完善。人与物质环境的相互作用可分为7个领域：感知性领域、有表现力的领域、美感领域、工具性领域、生态性领域、适应性领域、综合性领域。其中与展示空间环境密切相关的是以下几个方面：感知性领域，主要是指现象环境如何影响人们的感觉，人们又是如何通过那些可被感知的领域来认识环境；有表现力的领域，展示空间环境中的色彩、形状、音响与象征性意义等都是有表现力的领域，它们都或多或少的影响着人们的情感与心境；美感领域，美学体验随文化的不同而变化，因人而异，因地而异，需要使用者同展示空间设计师之间进行有效的美感交流；适应性领域，指的是人的活动模式与其相应的空间模式之间有一定的适应性。

综上可知，展示空间环境设计的最终目的就是将人们的行为向有益的方向引导，从而达到较为完善的动态平衡，即展示空间设计之首要目的，即在于使用者的定位，以确定的展示空间使我们脱离虚无的不确定感。这就是说人们不仅关心通过人的个人体验而创造心理的环境，同时认为较易被忽视的心理环境也不是脱离人而存在的。故而在现今“以人为本”的时代，环境心理的研究显得非常重要和具有现实意义。

人在展示空间环境中，其心理与行为尽管有个体之间的差异，但从总体上分析仍然具有共性，仍然具有以相同或类似的方式做出反应的特点，这也正是我们进行设计的基础。

1）安全性

无论何时何地人都需要有一个能受到保护的空间，因此无论是在博物馆、博览会还是在商业展会等地方，只要存在着一个与人共有的大空间，几乎所有的人都会先选择靠墙、靠窗、或是有隔断的地方，原因就在于人的心理上需要这样的安全感，需要被保护的空间氛围。当空间过于空旷巨大时，人们往往会有一种易于迷失的不安全感，而更愿意找寻有所“依托”物体，所以现在的展示空间越来越多的融入了穿插空间和私密空间的设计，目的就是为人提供一个稳定安全的空间。

2)领域性

人在展示空间环境中的活动,总是力求其活动不被外界妨碍。领域行为就是个人或团体,针对一个明确的展示空间所做的一种标志性的或保护性的行为或态度模式,包括预防动作及反应动作。赫尔以动物的环境和行为的研究经验为基础,提出了人际距离的概念,根据人际关系的密切程度、行为特征确定人际距离,即分为:密切距离;人体距离;社会距离;公众距离。对于不同环境、性别、职业和文化程度等因素,人际距离也会有所不同。比如当人们处于其个人熟悉或不熟悉的环境中时,个人的空间距离会有非常明显的变化,在拥挤的公共汽车中,当人们感到其个人领域空间受到严重的侵犯时,人们往往通过向窗外看以避免目光的接触来维持心理上的个人领域空间。

3)私密性

私密性是作为个体的人对空间最起码的要求,只有维持个人的私密性,才能保证单体的完整个性,它表达了个体的人对生活的一种心理的概念,是作为个体的人被尊重、有自由的基本表现。私密性空间是通过一系列外界物质环境所限定、巩固心理环境个性的独立的室内空间,如果说领域性主要在于空间范围,则私密性更涉及在相应空间范围内包括视线、声音等方面的隔绝要求。展示空间中的二层楼设计就是对相对私密空间要求的一种满足方式。

2.3 展示空间中人的动机需求

2.3.1 选择动机

1)驱力理论

所谓驱力理论,指的是当有机体的需要得不到满足时,便会在有机体的内部产生所谓的内驱力刺激,这种内驱力的刺激引起反应,而反应的最终结果则使需要得到满足。例如,商业展会进食的需要得不到满足,便会产生内驱力刺激,推动有机体采取最终使食物摄入体内的行为。一旦需要满足之后,也就使内驱力刺激平息。所以驱力理论时常又被称之为驱力还原论或需要满足论。

2) 需要层次理论

人本主义心理学家马斯洛坚持反对一切人类动机都可以用剥夺、驱力和强化来解释的观点。他致力于对人的动机研究,认为人有 5 种基本的需要,按其满足的先后依次排列成一个层次。在这一层次中,最基础的是基础的生理方面的需要,即对食物、水、空气等的需要;在生理需要得到基本满足之后,便出现安全或保护的需要;随后出现对爱、感情、归属的需要;接着出现对尊重、价值或自尊的需要;在上述这些低一级的需要得到基本满足之后,最后剩下的便是对自我实现的需要。所谓自我实现,就是使自己更完备、更完美,能够更充分地使用自己具有的能力和技能。

3) 成就动机理论

要激励人们的积极动机,就要满足人的这种高层次的成就需要。高层次的成就需要与企业家的行为有很强的关联。成就需要高的人,行为方式通常更像成功的企业家。他们喜欢对问题承担个人责任,能从完成一项任务中获得一种成就满足。

2.3.2 互动需求

1) 展示的动力状态

展示互动的基础是展示动力状态。动力状态是一个物理名词,是指每个支持点都具有一种力量,各种力量相互制约,形成一种动力网络,它强调各个动力因素的平衡。就像九大行星之间的关系一样。动力状态的平衡,依靠各种因素的共同支持。展示动力状态也是如此,它依赖于展示空间所有因素之间的关系,任何一个展示摊位都有动力状态,但是每个展示的动力状态都不同,哪个展示摊位能够很好地驾驭展示的动力状态,那么这个展示摊位效果就会很好。

从社会学角度我们导出以下几个概念来进一步叙述这种状态:

(1) 群体

群体是指由个体之间发生联系的人所组成的团体。不懂得群体理论的人,在展示空间的一切活动中参展商总是把观展者当作一个个体对待,只重视每个人要求得到什么,而不关注整体,更不关注整体的展示空间状态对观展者个体的影响和作用,没有认识到展示空间中的信息的群体实效。参展商要认真分析群体性质,并利用这些性质实现展示活动的目的。

(2)群体关系

群体关系是指个体在团体中相互之间具有什么样的关联。个体形成群体后,相互之间存在着各种各样的联系,这种联系并不是每个个体的简单相加。群体的大小、性质、目标等不相同,群体关系也不同。

(3)群体关系的本质是一种动力状态

组成群体的个体都会对群体产生影响,个体之间是一种平衡状态,其中一个个体发生变化,会对整个群体产生影响,可谓“牵一发而动全身”,所以群体关系本质上是一种动力状态。

2)群体动力状态的重要作用

群体动力状态具有重要的作用,主要表现在以下 4 个方面:

(1)群体动力状态决定整体的互动水平

有的参展商一味强调商品的某一方面的功能,强调价格参考指数,那么观展者中可能只会有很小部分的认同,这些观展者之间又很少发生联系,个体有问题只在小范围中解决,这样的展示活动互动水平就会很低。

(2)群体动力状态决定互动动机的方向和强度

有的参展商很强调企业荣誉,强调参展商对客户的凝聚力,那么这样的参展商在各种展示活动中都容易组织起来,而上面所提到的参展商,可能只有在展示活动中才能完全地组织起来。虽然那些小团体有时也参加一些参展商的其他活动,但是他们的动机是很弱的。好的群体动力状态,有利于调整和激发观展者动机的方向和强度。

(3)群体动力状态可以引发随机的观展兴趣

在一个商业展示摊位中,如果观展者气氛很沉闷,参展商要调动大家的观展兴趣,就要付出很大的努力。可在展示摊位中增加一些参与环节,围绕着产品认知度这个中心,展开一些对应的体验性活动,如:产品操作性体验、赠礼、展场外活动等,提高观展者的关注兴趣。

(4)群体动力状态可以逐步凝聚和积累互动“能量”

互动有一种“滚雪球”的特征。比方说,一个人的热情可以传递给几个人,这几个人的热情还可以继续传递,一段时间后,很多人都会被同一种热情所感染。群体动力状态好,互动"能量"就可以被很快地凝聚和积累,群体动力是可以增强的,这在国外的研究中都有详细论述。群体动力状态是展示空间活动互动的重要基础,有效的展示空间活动是建立在较强的群体动力水平上的。

2.3.3 沟通需求

1)情境

人际沟通时的情境会影响到参与者的期待、参与者对意义的接收与其后续的行为。

(1)物理情境

展示空间相关的物理情景是关系到参展商举办展览活动成功与否的关键所在。我们构筑的展示空间就是要依据物理情景所需要的各项参数来创建。光线、音量、温度、色彩的饱和度等物理因素都会影响参展商与客户之间的沟通。

(2)社会情境

在创建展示空间氛围的时候,展示设计师选择什么样的社会空间形态都会直接影响最终的展示活动。如创造模拟家庭、工作场合、宴会、朋友聚会等展示空间的不同的社会情景氛围时,参展商所做的沟通内容与方式都有所不同。

(3)历史情境

历史情境指的是:过去的事和特定参与者之间前次沟通所达成的共识。展览行业之所以有很长的发展历史其根本原因就在于历史情景的营造;展会参展商与采购商的一次成功的沟通都将成为进一步需求合作的前提,因此,展示空间的营造一定要使一些空间识别符号具有时间上的延续性;使参展商与采购商之间的合作成果能得到进一步的发展。

(4)文化情境

不同文化,其沟通方式也有所不同。因此,建构不同的文化情景也是沟通需求的重要因素之一。怎样选择适当的民族区域的文化符号也是创建沟通氛围的重要途径。无论是非洲、亚洲还是欧洲区域文化氛围的创造都对展示空间的创造有着不可替代的作用。

2)讯息的传递与接收

(1)意义与符号

参展商想要表达的是什么?用什么符号表达?这是展示设计师在提交概念方案的核心依据。例如:用大笑的面部图形符号表达出参展商快乐的心情,这个符号所表达的信息在最短的时间内就可以被观展者接受到,它明确的传达出一个包含着愉快地享受服务或愉悦的交易空间的讯息。一朵盛开的玫瑰被放大到相当大的尺度,花瓣上的露珠晶莹剔透,没有人会怀疑玫瑰后面散发出来的有关爱情的讯息。

(2)信息编码与信息译码

将信息接受后加以诠释,例如:看见展示空间中播放的影像资料中产品热销的场景,这种热销的行为信息被循环播放,不断地被观展者接收,然后就会被观展者诠释为:产品的可靠性以及产品的使用者对生产企业的忠诚度。

(3)组织

当准备有很多影像资料时,在表达时需要分段表达,而在接收时则要加以组织。比方说哪些资料是针对专业观展者,哪些是针对普通观展者,在播出时段的安排上也应一并考虑,最好是将播出内容现先行组织,以时段逐个播出。播出的声像资料中对声音资料的组织上也必须考虑节奏的控制。

2.4 展示空间的需求

2.4.1 功能配置

展示空间功能的基本结构由场所结构、路径结构、领域结构所组成,其中场所结构属性是展示空间的基本属性。因为场所反映了人与空间这个最基本的关系,它体现了以人为主体。通过中心(亦即场所)、方向(亦即路径)、区域(亦即领域)协同作用的关系"力",即"突出了社会心理状态中人的位置"。人赋予了展示空间的第四维性,使它从虚幻的状态通过人在展示环境中的行动显现出实在性,同时人在对这种空间的体验过程中,获得全部的心理感受。"人"是展示空间最终服务的对象,所以人作为高级动物在精神层面上的需求是展示设计必须满足的一个方面。

1)观展流线

以最合理的方法安排观众的观展流线,使观众在流动中完整地合理地介入展览活动。在整个活动中避免观展者走重复路线,特别是重点展览区域内的重复,不仅是资源上的浪费,对观展者自身的安全也会构成威胁,在大型商业展会中流线的重复意味着人流上的重叠。重叠的人流势必造成流线阻滞,进而会造成安全隐患,传统上一般采用顺时针安排观展流线。但在大型商业展会中并不拘泥于流线走向。在大型商业展会中通常采用单、复线结合和指向性的流线组织方式交互使用,以关照不同观展者的需求。

2)展示位置

以最有效的空间位置安排展品的陈列,除了合乎逻辑的空间展示次序外,对展示空间区域内的合理分配就成为有效利用展示空间的重要前提。在设计展示空间的过程中,必须首先确认展示空间与展示内容的关系,因为展示空间资源是有限的,在这有限的资源中除满足展品的陈列外,还应充分考虑给观展者提供一定的观展行动空间,以及观展者其他行为需求,同时,还应考虑展示空间营造视觉、听觉等效果的设备配置的空间需求。这些设备是创造强烈视听效果不可或缺的组成部分。必须加以慎重考虑。

3)展示空间的可靠性

展示空间的可靠性、安全性是展示设计应考虑的第一要务。在展示空间的组织安排上,应充分考虑突发事件的发生,诸如恐怖活动、火警、停电、意外灾害等,除在组织环节上加以体现外,应当充分考虑足够的空间应对避险、疏散、救护等紧急事态的处理。

大型商业展会必须考虑应急导引系统、应急照明系统、救护车站等。为观展者提供必需的安全配套设施,主要通道和展位搭建必须实现"无障碍"设计。

2.4.2 空间模块间的视觉引导

人们要在展示空间传播的信息是靠展示空间组织、设备的整合、信息的编辑、视觉元素设计来体现的,展品的营销传播的实现完全靠展示空间组织,所以展品是展示空间组织传播是否能够成功的关键之一。而在展示空间组织的设计中，展示空间结构安排又是重点之一。

好的展示空间组织结构应该能够体现出：

1）信息分类准确

整体上主次信息有明确的划分，每个模块都有概括性很强而且具有强烈吸引力的主题，和相关的展映设备在每个模块内也有主次分别，分主题的表现也同样具有吸引力。

2）重点信息及展品突出

重点信息及展品放在醒目的位置上，让观展者很容易捕捉到，同时精美的设计能够刺激观展者的反应，诱导观展者深入展示空间。主次有别，而且有序。

3）留出可调整的空间位置

用于满足临时性或短期营销活动的宣传需要。如，展会中临时需要特别推出的展品，需要在展示空间中放在最突出的位置。这就需要调整原有的结构，既让新的内容有突出的体现，又不至于淹没其他重点。控制好每个模块中的信息量，既不要太多，也切忌太少而显得破碎。

4）和谐

在展示空间中展板上的文字与图形的布局既要考虑到重点的突出，又要给人以和谐的感觉。不能让图形淹没文字，也不能图形太少而让人觉得单调。视觉的吸引和诱惑力是不能低估的。

思考题

1. 人的“本位”如何在展览中体现？
2. 如何运用设计的手段来解决空间需求中遇到的问题？
3. 请根据在展览现场的观察，总结出人在展览中的几种需求表现的场景和相关参数。
4. 良好的企业形象具有哪些特点？
5. 简述创造愉悦心理的展示空间的必备条件是什么？
6. 展示空间中人的动机需求有哪些内容？

7. 依照动机需求理论设计绘制一个场地面积为50 m^2 电信产品的展位平面功能布置图(图幅不小于 A3 幅面)。

8. 请设计一个有互动环节的推销新款手机的活动(包括活动程序、活动的组织环节和活动所需要的视觉元素)。

第3章 展示空间的感知

【本章导读】

本章着重探讨展示空间的感知，包括各种展示空间的感知元素的尺度控制；展示空间的美学法则；展示空间的色彩的应用与理解等。重点研究了对展示空间的各种相关展示道具人机工程尺度的把握。

【关键词汇】

感知　展示空间　尺度

3.1 展示空间的视觉要素

3.1.1 信息空间

1)信息空间的分类

在展示空间中应首先将所有展出的各种信息加以分类。分类的信息便于观展者的准确采集,一方面可以提高采集的准确度;另一方面可以节省时间。在展会中,有效的信息分类一方面可以提高观展者对信息采集的准确度,另一方面可依据信息分类规划展示空间,使观展者更节省时间,使展示空间依据信息分类组织参观流线更趋合理,特别是大型商业展会展示空间规划,参展信息分类对于展示空间的规划设计尤其重要。

2)信息空间的诱导

利用空间结构的对比变化,充分发挥展示空间环境在商业营销中引导消费、创造需求的作用,这是展示空间环境中信息空间诱导设计的精髓认识。创建新奇的第一视觉可选用诸如:意外的尺度、色彩的对比、时尚的主题和制造透视结构线条造型,强化进入感。

信息空间诱导设计包括以下几方面:

①静态图形以及其他视觉元素,从文化引入产品展示。

②信息主题随着空间结构的疏密横纵、曲径通幽,从简述到具绘,商品信息力求层叠释放。

③中性色彩反衬产品绚丽多变的色彩,强化解释功能。

④滞留空间创造人文色彩,拉近了产品与观展者之间的沟通距离。

⑤充分利用空间高度创造多变的空间落差,制造空间区域变化。

⑥设计师对照明的构思。

⑦以产品照明为核心,空间照明主要来自产品照明的反射光,不再单设环境光源。可通过展区亮、通道暗的手法,更好地将观展者的视线引到产品信息上。

⑧利用结构隐藏光源,回避干扰视线的玄光。

3.1.2 知识空间

我们每个人都有一个属于自己的知识空间。这个空间边界就是与未知世界的接触面。自己的知识空间越大,与未知世界的接触面积也就越大,因此就越会感觉自己的无知。扩充知识空间的过程叫学习。展示空间为我们提供了另一种不同的学习环境的空间样式。它拓展了我们与未知世界的接触面积。观展者与知识空间的碰撞形成交流。更多人与知识空间的融合就形成对知识本身的共识。在我们这个信息时代,信息在爆炸,知识空间在膨胀。一个缺乏交流的个人知识空间,肯定是一个相对萎缩的空间。

1)空间的界面

对于展示空间而言,如何形成知识空间主要是由展示空间的功能定位所决定的。不同的展示功能定位形成不同的知识空间。比如:商业性的展会带给观展者的是:产品的功用、服务方式、价格、研发背景等。而博物馆、美术馆、自然科学馆等专业展馆,则是针对不同的专业知识背景而设计的专门知识空间,这些知识空间其传达信息的途径不一,展示空间中的界面也不尽相同,大量的知识信息需要在空间中交互。因此,对界面的选择就显得尤为重要。界面除了传播不同的知识,同时必须能够与观展者产生互动,在互动中加强与知识的融合。有鉴于此,在这些专业展示空间中如何确立界面的形式即成为此类展示空间设计的核心内容。

2)空间的主干结构

任何一个专业展馆的创立在编写展览脚本之初就必须确立传播知识的基本思路。这个基本思路必须沿着该专业的知识结构主干推演开来。比如:科技馆中人体器官组织结构展示空间的设计中,就基本沿用了人体器官组织架构为展示空间结构主线,以各器官为象征性的外部形态形成展示空间的搭建形态;展线则以器官的关系顺序展开,这样的空间的主干结构对于系统知识的获取起着决定性作用。在一些展示历史内容的主题展馆中,通常是以时间顺序为空间的主干结构,也就是说:展出的展品内容是以历史编年为主线依次展开的,在一些长期陈列的艺术馆中的艺术作品,也会以风格流派形成展示空间的主干结构。

3)空间的触觉接触平台

展示空间说到底是各种信息透过不同载体与人的感官接触,进而接收后存储在大脑负责记忆的神经单元中。因此,信息应组建不同的接触平台来满足感官的采集。比如:声音的强弱、节奏的控制、音调等都应考虑;视觉平台应在静态画面、文字内容、动态画面交互组织上,这方面应更多地考虑画面动态切换速度;画面本身的质量;以及文字图表的编排是否满足视觉传达流程的要求。满足触觉接触平台的需求是一个复杂的设备系统的整合,我们知道触觉感知平台是感知外部信息最为重要的部分,对接触界面的要求很高,重点应强调接触环节体验功能,体验环节包括人机互动、人人互动、人与环境互动。比如:有很多商业展会中摊位的中心位置布置一个带有酒吧功能的道具设施,借以增强环境与人的体验氛围。

3.2 展示空间尺度的要求

展示空间无论是空间形态还是空间结构都是依据尺度来建构的。在建构的三维尺度中形成不同的功能区划、不同的审美样式,人在这个空间中依据自主的行为模式完成不同目的信息采集。因而,展示空间的尺度与距离的控制就成为展示空间设计搭建中重要的技术参数。

3.2.1 展示空间中人的基本模数

在展示空间中人的最基本行为是观看、行走、交谈、操作。对应这些行为环节必须对应相关的空间尺度,这些空间尺度除满足行为需要外,还必须考虑行为模式的交叉。除考虑静态的停留观看,还必须考虑就整个场馆的大的流向组织。因为这直接牵涉整个场馆的安全。针对上述要求我们必须求助于一个独立的学科知识系统的支持,这就是人机工程学。

1)人机工程学

人机工程学是一门以人为研究对象,同时,涉及人、人造物、空间环境三者之间的关系科学。学科是在二战之后建立起来的,学科研究定位在人体与人造物及环境之间关系分析,解决三者之间效能、安全以及人自身的健康的问题。

在展示空间中各种空间样式的设计,展示功能的区划及展示空间形态的定位无疑是要以人机工程学科的测量成果来确立。正确地处理好人—展品—展示空间之间的尺度关系,必须了解人在展示空间中的行为适应数值,在这个数值基础上展开各个设计环节。有鉴于展示空间功能要求,我们可以针对展场整体空间尺度数值采集区,规划各摊位间的细部尺寸;并在此基础上就特定的展示摊位进行延伸设计。因此,人机工程学是展示空间设计各项标准制订的基础。

2)展示空间中人的行为模式基本数值采集

在展示空间中人的基本行为模式是以动态为主,其中最大量的行为模式是走动与观看。所以,与这两种行为模式相关的数值采集就成为我们规划设计展示空间的出发点。人作为个体尺度会有较大的不同,但就群体而言深入研究会发现人类尺度会有一定的分布规律。而且,群体规模越大呈现出的规律越明显。在运用数理统计分析之后,会得出一个群体分布的基本规律。而平均值表示全部被测数值的算术平均值,也就是我们经常引用的一个被测群体区别于其他群体的独有特征。我们以北美成年男人为例:平均身高为174.8 cm,日本成年男人平均身高为166.9 cm,法国成年男人平均身高为169.9 cm,就以上数值的罗列我们可以基本了解这3个国家和地区的男人身高的情况。就这3个数字而言还有另一层含义:中值和众数。中值表示被测人数当中有一半身高在这个数值以下;而另外一半人则在这个数值以上。众数则是表示被测人数中出现最多的身高尺寸。与这些数值关系有关的就是"可容空间"的设计问题,反映在展示空间中就是"可通过性"以及活动场地的尺度安排。具体牵涉到场地、通道及其他活动场地。设计师就要考虑"可容空间"的设计尺度上的成本控制。

一般展示空间的通道的宽度是按照经过的人流量决定的。通道的单一通过宽度为60 cm,而展示空间中最小的安全通道不能小于180 cm;在节约空间的前提下最大通道宽度600 cm,以展品为中心,在确保展品安全的前提下展品外围场地尺度不能低于200 cm。低于这个尺度就会造成拥堵,危及展品。

在人体的测量尺寸中,分为动态测量和静态测量两种;在展示空间中包含着两种测量数据。静态尺寸测量中动作姿态包含有:立姿、坐姿、蹲姿、跪姿和卧姿5种基本姿态的测量数值;而动态测量是指人在执行各种动作时人体各部位的数值;以及完成这些动作所占用的空间尺寸(见图3.1至图3.11)。人在日常生活中运动轨迹是沿水平和垂直方向复合运动而达到运动目标。在展示空间中正确地应用符合人机工程所采集的数值是发挥展示空间效能的基础。在此基础上,展示空间中的信息才能流畅传达。

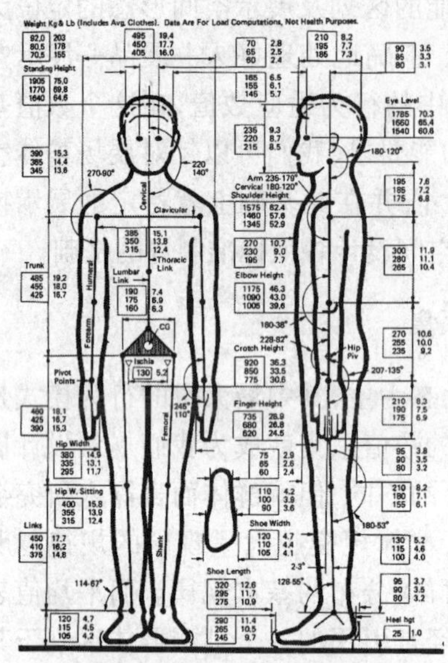

图 3.1　成年男性立姿数据

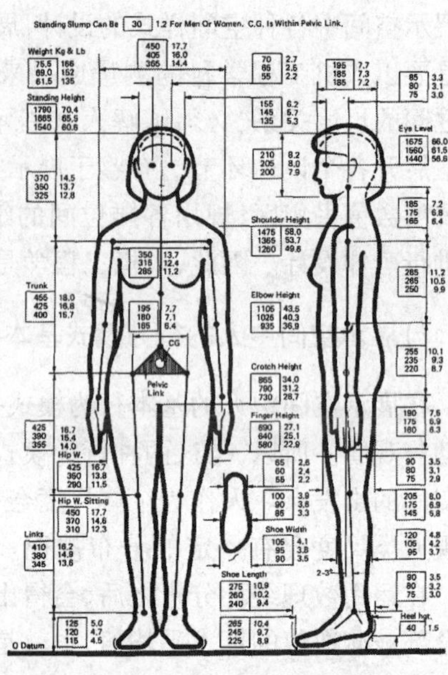

图 3.2　成年女性立姿数据

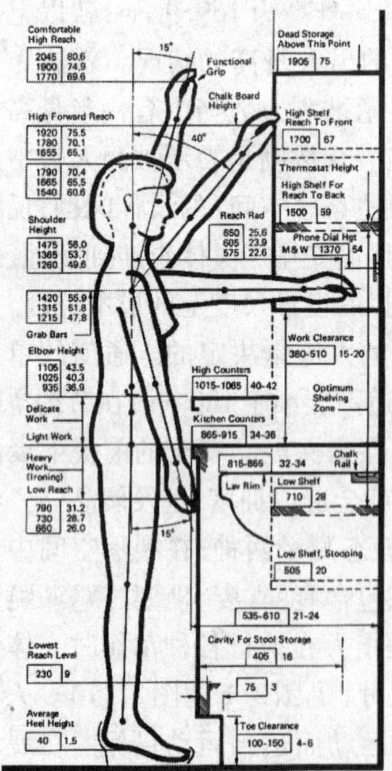

图 3.3　成年女性立姿操作纵向数据

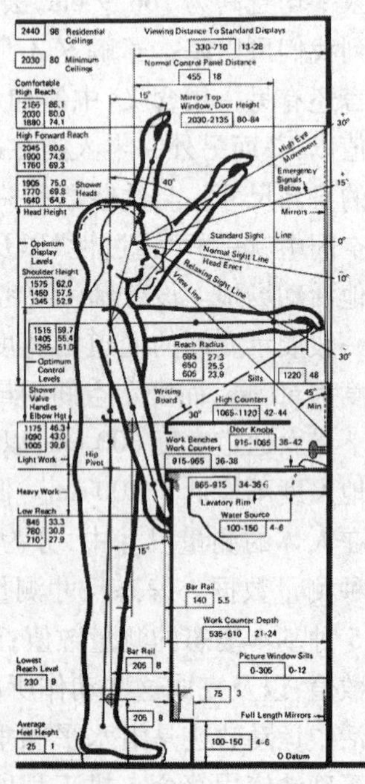

图 3.4　成年男性立姿操作纵向数据

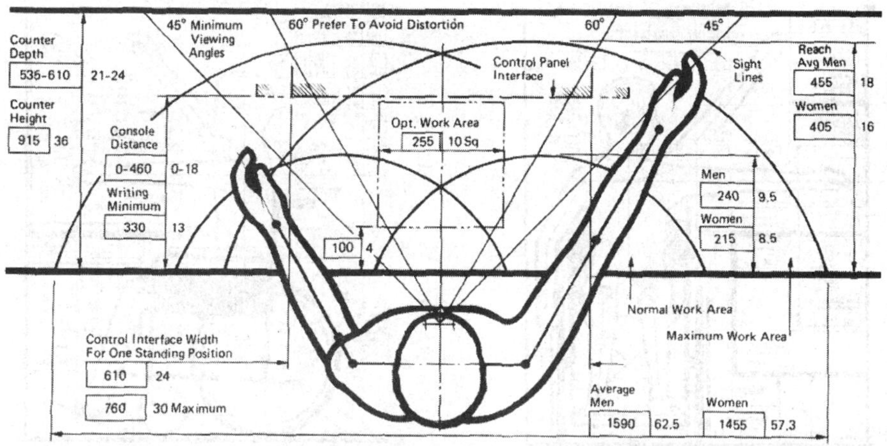

图 3.5 成年男性立姿操作横向数据

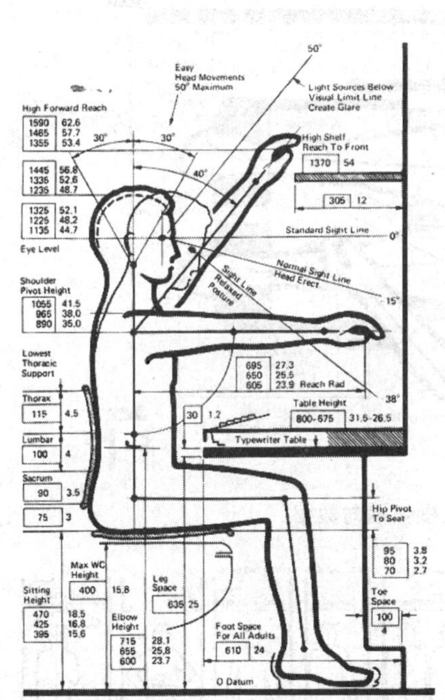

图 3.6 成年男性坐姿操作纵向数据

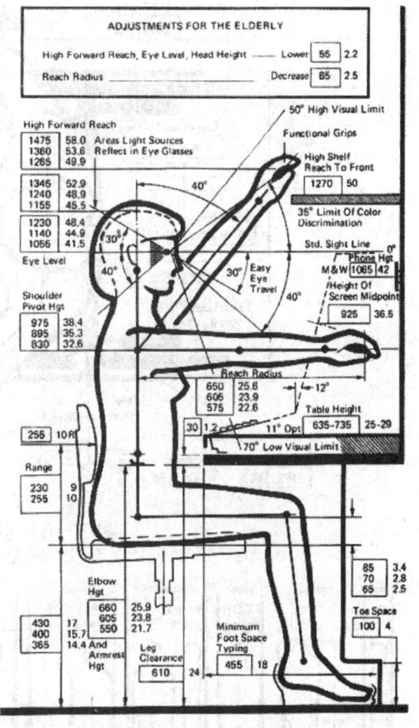

图 3.7 成年女性坐姿操作纵向数据

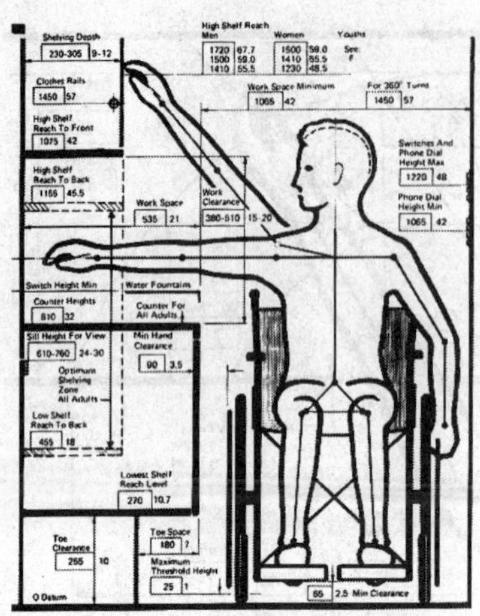

图 3.8 残疾人操作纵向数据

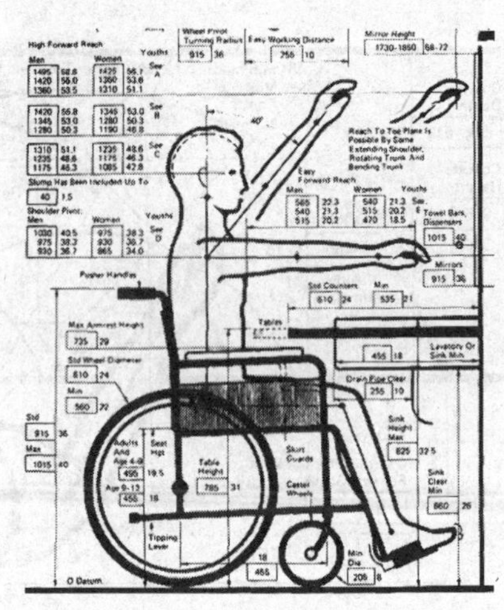

图 3.9 残疾人操作腿部空间数据

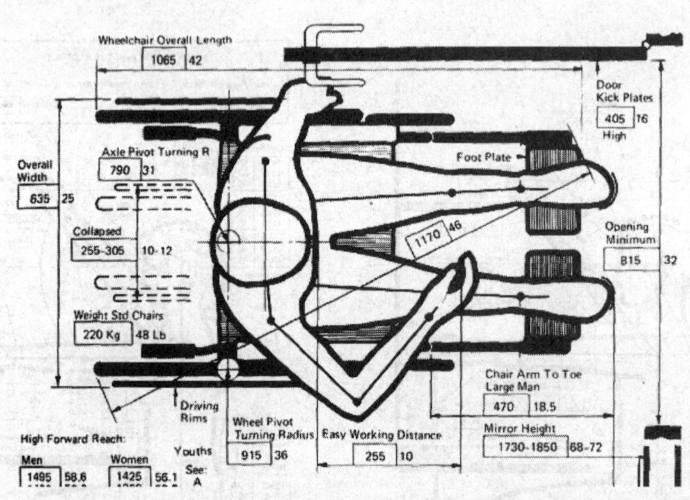

图 3.10 残疾人操作横向数据

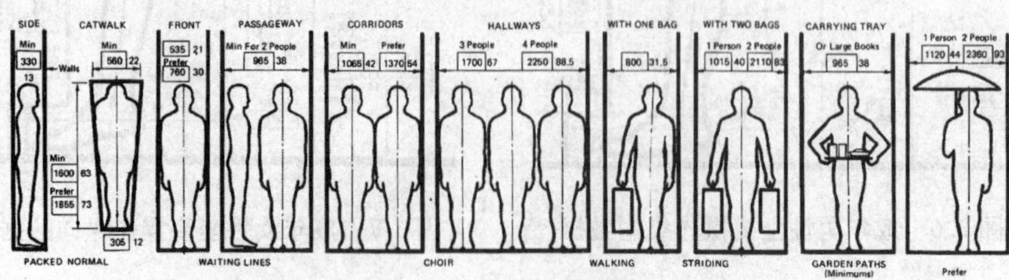

图 3.11 通道人体数据

3.2.2 展示道具系统的尺度规定

所谓平面尺度是指空间分割与组织、商品陈列与人行道等要素与空间面积之间的百分比数,又被称之为陈列密度。密度过大则会形成参观客流的拥挤,使人产生紧张不安的心理感受,影响展示传达与交流的效果。若其密度过小,又会让人感到厅堂内展品空乏。因此,陈列密度的控制应慎重行事,可结合具体展示性质、功能、客流量等因素综合考虑。常规条件下,以 30% ~60% 较为适宜。

商业展示区的陈列高度,因受观者视角的限制,从而产生了不同功能的垂直面区域范围。地面以上的 80 ~250 cm,为最佳陈列视域范围。若按我国人体计测尺寸平均 168 cm 计算,视高约为 152 cm,接近这一尺寸上下浮动值为 112 ~172 cm,可视为黄金区域,若作重点陈列,尤其能引起观者注意。距地面 80 cm以下可作为大型展品的陈列区域,如机械、服装模特等,可制作低矮展台进行衬托;距地面 250 cm 以上空间,可作为大型平面展台的陈列区域。

商业占道的尺寸由展品、环境、人、道具自身结构、材料和工艺等要素所限制,其尺度标准的制订应综合考虑决定。厅堂内的挂镜线高度通常为 350 ~400 cm,国际惯例为 380 cm;桌式展柜总高约为 140 cm,底座为 100 cm 左右,内膛净高约为 30 cm;立式展柜总高约为 180 ~220 cm,底抽屉板距地面约为 80 ~180 cm;矮展台高度约为 10 cm、20 cm、25 cm 等尺寸不一,要视展品大小而定;高展台通常在 40 ~90 cm。

3.3 展示空间中的动线规划

3.3.1 展示动线的安排

1)观展者动线分析

观展者观展活动安排 = 流动线长 × 停留率 × 资料索取率 × 摊位互动 × 品牌及产品认知

从以上公式可以看出,展馆流量的多少对商业展示中品牌的认知有很大影响。要把一个展示空间做好,就必须利用不同的视觉元素与设备资源吸引观展者尽可能多的停留、多征询有关商品信息，尽可能提高来摊位观展者数量。

2)4 种动线模式

观展者进入展示空间后，会形成不同的流动路线。

(1)模式一

观展者绕主要通路一圈，再进入中央特装展示空间区，观展者关注单位模式最高。

(2)模式二

观展者先沿主要通路，途中进入中央特装展示空间区，再回到主要通路，最后到出口。

(3)模式三

观展者仅沿主要通路行走。

(4)模式四

观展者没有全部绕完场馆一圈，而是沿相反方向的主要通路，中途进入中央特装展示空间区。

展示空间可以根据附图来设计主力流动线和配置主力企业商品展示摊位。设计主流动线要从特装摊位物理性配置、上下游商品群的配置和主要参展商的商品品种的配置等方面来考虑。主要参展商品品种的配置则要遵循让观展者到场馆最前端参观，依次吸引观展者进入场馆内部；尽量科学地让观展者适度延长流动线的原则。一般情况下，让观展者环绕主要通路观展，围绕中央特装区观展，能够帮助参展商赢取更高的关注度。例如，大型商业展馆可以采用“诱导型、集约型”展馆设计模式。因为大型商业展馆参展商多达几十个，各类商品的功能不同，观展者的需求重点也不同，展示空间设计的诉求重心也不同。

以观展者的观展习惯为准绳，可将参展商商品分为两大类：一类是“计划性关注商品”，多为观展者或采购商业内必需品，它们是吸引观展者或采购商的主要动力；另一类是“非计划性和随机性关注的商品”，观展者或采购商往往在看到该类商品后才能激起消费者的需求动机。因此，在展馆规划设计上，应该根据观展者或采购商业需求模式的不同，充分利用计划性关注商品对观展者或采购商的诱导功效，设计“走遍展馆布局法”。如将计划性购买商品布置在通道两端、卖场四周及中间位置，或按产业顺序设计场馆。这样能有效延长观展者或采购商在场馆内停留的时间，促进对非计划性商品的关注度，增加签约的可能性。

3.3.2 展示动线的组织原则

1)动线长度

商品展示空间的性质及其在展馆的位置是吸引顾客行走距离长短、滞留时间长短的主要原因。在进行展馆通路设计时,其前提条件是在于商品展示空间的整体布局。要想实现有效率的商品展示空间的布局必须注意以下内容:场馆中各商品展示空间群的关注度,区分计划购买率高的商品展示空间群和非计划购买率高的商品展示空间群,确定各商品群之间关注度的深浅,观展者或采购商的关注习惯和关注顺序,符合观展者或采购商关注习惯的商品组合,展馆动线模式和关注度之间的联系,各商品群的空间大小及其效率,特装展示摊位空间形态。

2)停留率

停留率=总停留次数÷动线长度

观展者或采购商在场馆里行走,对于参展商不会产生任何购买动机。只有当观展者或采购商在场馆内展示空间区域停留并收集商品信息时,才能产生实际的购买动机。展馆在设计时必须考虑以下一些内容:场馆内各通路的展示空间的配置,通路间商品群的关联,各参展商展示空间内商品陈列计划,商品陈列方式和表现水平,商品信息的提供。

3)注目率

注目率=注目次数÷总停留次数

所谓注目率是指商品在场馆中吸引观展者或采购商目光的能力或者称为“视线控制能力”。为了能更多地吸引观展者或采购商注意,生产企业不断地设计新的包装、色彩、容量,在场馆中精心计算各种展示道具位置,其目的在于使自己的产品和品牌与其他企业的产品差别化,期望能够吸引更多的顾客目光以促进销售。在商品陈列方面要注意以下方法:商品的分类,商品的表现形式,商品的陈列幅度、陈列量,商品的色彩表现,在展示道具中的位置和变化,商品广告的设计和位置。

4)签约率

签约率 = 签约次数 ÷ 总注目次数

如果停留下来的观展者或采购商中断签约决策或者延期签约,停留就变得毫无意义。因此,按观展者或采购商签约习惯合理地配置商品、商品色彩的组合、商品的陈列方式、营造深入洽谈的空间环境、POP广告的形式和内容、营造与采购商接洽的空间氛围等都会起到刺激观展者或采购商进行购买决策的作用。

3.4 展示空间设计的美学法则

美是形式上的特殊关系所造成的基本效果,诸如高度、宽度、大小或色彩之类的事情。美寓于形式本身或其直觉之中,或者由它们所激发。美的感受是一种直接由形式所造成的情绪,与它的含义和其他外来的概念无关。柏拉图认为,合乎比例的形式是美的,这些形式好像是联想或者表明了一种仅仅在理想世界里才存在的"理想形式",它也包括了在我们这个不理想的世俗世界里的一切偶然的形式在内。深切感到的美,既产生快乐也产生痛苦,但这是一种乐意的痛苦。这种痛苦来自我们对不完美的现实的认识,来自对我们所渴望的理想世界的渺茫感和隔绝感;而这种欢乐则来自对完美理想中美好对象的几乎不自觉地认识。事实上,这种形式独立论,总是要求一个理想的绝对概念,向美好的形式靠拢,这是种必然导致陷入神秘主义和玄学的理论。

3.4.1 对称

对称的概念是很宽泛的,最初是日常生活中的概念。如人们陈列物品时,总习惯于左右均衡的摆设,这是人的行为规律。再如,人的面部器官左右两边分布相同,这是进化过程中形成的规律,随着这一概念在各学科中的应用,这个定义逐渐严谨起来,侧重点也各不相同,如在数学上,它的意义是对称变换,在物理学、地质学中研究晶体的对称性质,则有了对称中心、对称轴、对称型等概念。而在艺术设计中,对称这个概念则是从形式美法则中归纳出来的。从视觉上讲,它是均齐之美;从心理感觉上讲,它是协调之美,其他形式美法则均是与之相联系的。从本源上讲,对称规律是与人类生产、生活相适应的。从人类孩提时期制作工具、物品的时候起，就逐渐感觉到对称的形成要适合生活和生产劳动的要求，使人感觉到方便和舒适，久之便自然的对此产生一种美的感觉。格罗塞在《艺术的起源》中说："把一种用具磨成光滑平整，原来的意思往往是为实用的便利比审美的价值来得多，一件不对称的武器，用起来总不及一件对称的来得准确，一个琢磨光滑的箭头或枪头也一定比一个未磨光滑的容易深入。"格罗塞从人的审美与劳动说起，可谓精辟。人为什么偏爱对称呢？这是长期生活经验所致。原始人类在彩陶的纹样上，在器皿的造型上所表现出来的对称意识，证明了这种规律已潜入到人类的大脑之中，而又不自觉地将之运用在对生活态度的表达之中。它的起源首先是为使用的方便、合理而产生的，只是到了后来，特别是几何形意识的出现，才形成了艺术创造的审美基础。

对称的规律是构成几何形图案的基本因素，其他形式美规律则是它的复合、交叉、变异。从起源上讲，它是最古老的；从构成法则上讲，它又是最基本的，因此说它是形式美法则的核心。对称的感觉给人以能力，而这种能力的练习和实际运用则由其文化的发展进程所决定，为了进一步说明对称法则的广泛意义，下面说一下对称规律的几种形式（见图3.12和图3.13）：

图3.12　对称的设计示样

图3.13　对称的设计示样

图3.12、图3.13：对称性设计的广泛流行有其历史渊源。人类在多年的生活积累中提炼出的对称意识和应用被设计师们用到很多的设计中。空间设计的对称性法则已经深入人心。

①完全对称，即"均齐对称"，是完全同形、同量、同结构的形式，如展示空间的外廊立柱。完全对称能使视觉效果稳定，产生庄重、沉静等审美体验，这是一种最原始的构成要素；处理不当，易产生死板、单调、无生机之感。

②近似对称，即不完全同形、同量、局部结构稍有变化的对称图形，这是种局部有差异的对称。均衡统一中的小小变化，更能从稳定的均齐中感受到丰富的变化。

③反转对称，虽同形、同量，但方向相反，典型的如太极图，这是对称均衡的

形态两相逆转。均衡互移产生的图形,这种对称对比强烈,有静中含动之势,富有张力。

3.4.2 和谐

和谐即协调,是事物在矛盾对立的诸多因素相互作用下实现的统一。人的和谐感觉是与自然的和谐规律相统一的,它是一个合理的自然的运作规律。艺术设计者正是提取了自然和谐形成的要素,运用点、线、面组织成各种形式法则来实现设计意图的,因此和谐之美不仅是符合客观规律的,而且可以运用它去创造我们心目中的美(见图3.14和图3.15)。动物乃至人体上均有着一种协调的规律,总结出形成这种和谐状态的比例,即“黄金律”,其比值为1:1.618,也称“黄金分割”。这究竟为什么呢?据研究,人们看到以这种比例构成的物体时,心理的节律是和谐的,心情是愉快的。因为他找到了两个事物之间恰到好处的距离。这种比例作为人们的一种审美尺度,便很自然的与心理感觉联系在一起了。与物如此,对人也是这样,所谓“中庸之道”即是“恰到好处”,而非简单的不偏不倚。《论语》有云:“中庸之为德也,甚至矣乎!”何晏集解:“庸,常也,中和可常行之道。”即说此意。

图3.14 和谐的设计手法

图3.15 和谐的设计手法

图3.14、图3.15:自然界很多的形态被设计师拿来作为设计的元素,和谐之美是符合大众审美需要而体现出来的另外一种设计美学法则。

3.4.3 对比

结构因素对空间的构成效果起到了决定性的作用,因此结构的对比带给人的震撼也最大,气势磅礴犹如国画中的大写意(见图3.16和图3.17)。结构的内在规律会赋予空间以各种形式的差异,其中“方”与“圆”堪称为空间设计中的经典手法:“方”与“圆”是矛盾又统一的共同体,有着东方的哲学气质——“天圆地方”。所以一般用方整的大形来控制空间的整体效果,而圆柱体量则作为活跃元素表现出空间的性格特征,严谨不失浪漫,沉稳又不失现代感。这种形式的对比,有着低音炮般的震撼力,在重金属的背景下却也和谐默契,表达得淋漓尽致。而空间体量的对比则是无处不在的,稍加关注便不难发现这种对比渗透在空间的各个角落,为不同的功能服务。“虚”与“实”的对比:即空间的围与透,是“空”和“间”的具象体现,二者是相辅相成,互为一体的。这种对比传达了空间的心理特征,是封闭还是开放,是阻隔还是穿越。虚实融合,不仅可以满足各种空间不同的功能要求,还能表达清晰的逻辑关系。古典园林建筑中常用的借景手法就是通过围、透关系的处理而获得的效果,透空因视线穿越可以有意识地把人的注意力吸引到需要表达的地方,营造出丰富的空间层次,让你在复杂与矛盾中感受空间带来的欢乐与兴奋。

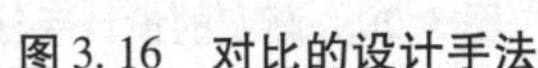

图3.16 对比的设计手法

图3.17 对比的设计手法

图3.16、图3.17:对比之美中“虚”与“实”在展示空间中应用很广,也很普遍。在材料、形态、色彩上无处不体现出对比之美,此外,光的对比也被纳入对比的范畴,可以这样表达:对比存在于设计的各个角落,对比是成功的设计的又一个重要的美学法则。

3.4.4 渐变

渐变是一种规律性很强的现象,这种现象运用在视觉设计中能产生强烈的透视感和空间感,是一种有顺序、有节奏的变化。渐变的程度在设计中非常重要,渐变的程度太大,速度太快,就容易失去渐变所特有的规律性的效果,给人

图 3.18　渐变的设计手法

以不连贯和视觉上的跃动感。反之,如果渐变的程度太慢,会变生重复之感,但慢的渐变在设计中会显示出细致的效果。

渐变的含义非常广泛,除形象的渐变外,还可有排列秩序的渐变。渐变从形象上讲,有形状、大小、色彩、肌理方面的渐变;从排列上讲,有位置、方向、骨骼单位等渐变。形状的渐变可由某一形状开始,逐渐地转变为另一形状,或由某一形象渐变为另一完全不同的形象。渐变的节奏急缓可以任定,亦可急缓交错展开。渐变的骨骼编排,可以从左至右、从上至下,或从中央向四周展开,或做多元次编排。其方式是灵活而多样的。

图 3.19　渐变的设计手法

图 3.20　渐变的设计手法

图 3.18、图 3.19、图 3.20:渐变在空间设计的应用范围也很广泛。骨骼、方向、秩序、节奏都是渐变法则中重要的元素,组织好这些元素是保证设计质量和水准的基本。

3.4.5　特异

特异是规律的突破,是在重复和渐变骨架或基本形中的一种变异变化,在规律中出现轻微差异或局部突破,有意地出现一个或数个不规律的基本形或骨骼单位,以突破规律的单调感,造成动感增加趣味。特异是相对的,是在保证整体规律的情况下,小部分与整体秩序不和,但又与规律不失联系,特异的程度可大可小。在设计中要打破一般规律,可采用特异的方法,以引起人们视觉上的注意(见图3.21和图3.22)。自然界中的万绿丛中一点红的“红”就是不同形式的特异。特异在平面设计中有着重要的位置,容易引起人们的心理反应,如特大、特小、特亮。突变、逆变所产生的独特、异常现象,对视觉的刺激有振奋、震惊、奇特的效果。

图3.21 特异的设计手法

图3.22 特异的设计手法

图3.21、图3.22:特异对视觉的刺激,有振奋、震惊和奇特的效果。这个设计就是采用特异的设计手法来整体设计,风格显得大气又有些怪异,这种造型手法多应用在创意类的空间设计中。

大部分基本形都保持着一种规律,其中一小部分违反了规律和秩序,这一小部分就是特异基本形,它是空间的视觉中心。特异基本形应集中在一定的空间。特异的形式如下:

(1)大小特异

基本形在大小上的特殊性,能强化基本形的形象,使形象更加突出鲜明,也是最容易被使用的一种特异形式。

(2)形状特异

基本形在形象上的特异,能增强形象的趣味性,使空间形象更加丰富,并相互形成衬托关系。特异形在数量上要少一些,甚至只有一个,这样才能形成焦点,达到强烈的效果。

3.4.6 节奏

节奏和韵律是时间艺术的用语,在音乐中是指音乐的音色、节拍的长短。节奏快慢按一定的规律出现,产生不同的节奏。节奏在构成中使同一形象在一定规律中重复出现从而产生运动感。节奏必须是有规律的重复、连续,节奏容易单调,经过有律动的变化就产生韵律(见图3.23,图3.24和图3.25)。

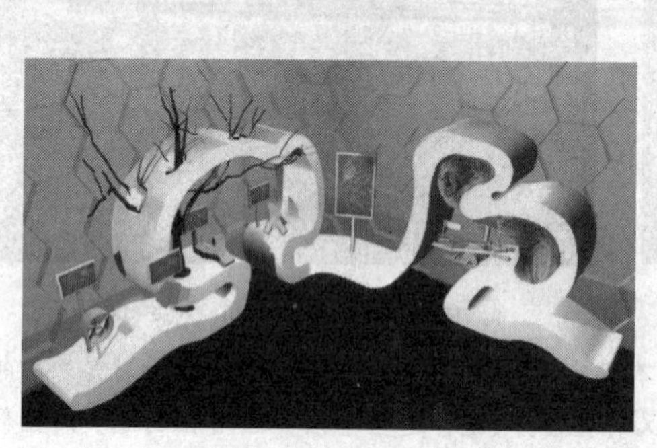

图3.23 节奏的设计手法

图3.24 节奏的设计手法

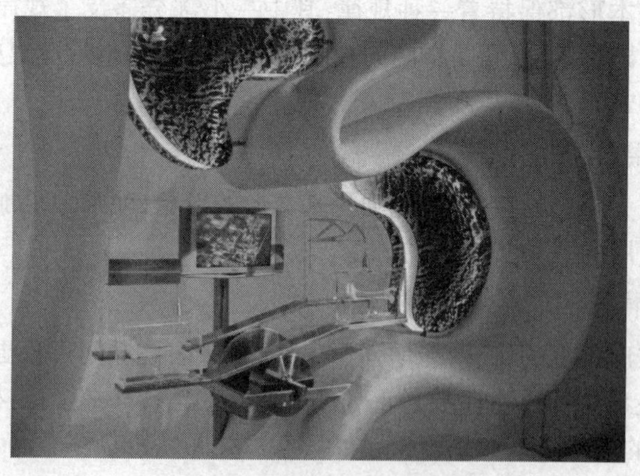

图3.25 节奏的设计手法

图3.23、图3.24、图3.25:这组设计节奏感非常强。节奏带给人们是更多的活跃和变化,而且连续性也很好。展品和展架良好的结合在一起,没有脱节,造型的变化和展品之间良好的关联性特征也很好的融合在一起。

3.4.7 韵律

韵律是诗歌中常用的名词,原是指诗歌中的声韵和律动,音的轻重、长短、高低的组合,匀称间歇或停顿。在诗歌中相同音色的反复及句末、行末利用同音同韵同调的音可加强诗歌的音乐性及节奏感,在构成中韵律常与节奏同时出现。通过有规则的重复变化,使设计产生音乐诗歌般的旋律感,运用得好就能增加作品的美感和诱惑力(见图3.26)。

图3.26 韵律的设计手法

图3.26:韵律法则多应用在橱窗展示设计中,小面积的韵律变化使形态旋律化,大大增加了作品的美感和诱惑力,悬挂的设计也增强了陈列手段的多样化。

1)一次元的韵律表现

基本形在上下左右做单一方向的反复叫一次元的韵律。这时如果基本形的间隔相同,则韵律变化就少,如基本形间隔不一,会产生复杂的韵律感。

2)二次元的韵律表现

基本形像围棋的盘在上下左右方向做反复的叫二次元韵律,基本形可以等间隔,也可有一定的变化。

3)利用渐变表现韵律

根据数理性的规则变化产生韵律,数理比率的变化是有规律可循的,可造成渐变,产生韵律感。

3.5 色彩的理解与应用

3.5.1 色彩的基本属性

熟悉和掌握色彩中的三属性,对于认识色彩、表现色彩、创造色彩极为重要。色彩三属性是一种三位一体的互为共生的关系,即三属性中的任何一个要素的改变,都将影响原来的色的面貌。因此,在色彩应用中,它们是同时存在、不可分割的整体,它们之间既互相区别、各自独立,又互为依存、互相制约。认识色彩、把握色彩,首先要了解色彩的基本属性。当我们认识色彩、应用色彩时,色彩的基本属性即呈现出来:只要有一种色彩出现,它就同时具有 3 种基本的属性,即色彩的三要素:色相、明度和纯度。

1)色相(Hue)

色相是区别色彩的名称。色彩名称复杂繁多,视觉上可辨认的色相很有限,根据科学手段分辨色相有 200万~800万种之多。色彩学上最基本的色相有:红、红橙、橙、黄橙、黄、黄绿、绿、青绿、青、青紫、紫、紫红等 12 种。其他如红味的灰、绿味的灰,也是色相上的区别。

2)明度(Value)

明度:简写为 V,表示色彩的强度,也即是色光的明暗度。不同的颜色,反射的光量强弱不一,因而会产生不同程度的明暗。一种颜色的深浅变化称作色彩的明度变化。色彩本身有它的固有明度。如:基本色相中黄色明度最高,紫色明度最低,红绿是中间明度色。任何一种颜色加白,其明度提高,加黑则降低。

3)纯度(Chroma)

纯度又称色度、饱和度,是指色彩的鲜、浊程度。如红色是正色,纯度高。若逐加白,明度增加而纯度随之减低;加黑后明度、纯度都随之降低。在基本色中纯度最高的是红色,最低的是绿色,其他处于中间层次。使用颜色时,若混合的颜色种类愈多,纯度也就愈低。灰色中加纯色,纯度便增强;纯色中加灰色,纯度则降低;纯度高的颜色只要改变明度,纯度也会改变。

5)彩度

彩度:简写为C,表示色的纯度,亦即是色的饱和度。具体来说,是表明一种颜色中是否含有白或黑的成分。假如某色不含有白或黑的成分,便是“纯色”,彩度最高;如含有白或黑的成分越多,它的彩度亦会逐步下降。

3.5.2 两种三原色

我们所见的各种色彩都是由三种色光或三种颜色组成,而它们本身不能再分拆出其他颜色成分,所以被称为三原色。

1)光学三原色

光学三原色分别为红(red)、绿(green)、蓝(blue)。将这三种色光混合,便可以得出白色光。如霓虹灯,它所发出的光本身带有颜色,能直接刺激人的视觉神经而让人感觉到色彩,我们在电视荧光幕和电脑显示器上看到的色彩,均是由这三种色光混合组成。

2)物体三原色

物体三原色分别为青蓝(cyan)、洋红(magenta red)、黄(yellow)。三色相混,会得出黑色。物体不像霓虹灯,可以自己发放色光,它要靠光线照射,再反射出部分光线去刺激视觉,使人产生颜色的感觉。这三色混合,虽然可以得到黑色,但这种黑色并不是纯黑,所以印刷时要另加黑色(Black),四色一起进行。

3.5.3 色彩的象征

在色彩的运用上,可以根据内容的需要和自己的喜好,分别采用不同的主色调。因为色彩具有象征性,例如:嫩绿色、翠绿色、金黄色、灰褐色就可以分别象征着春、夏、秋、冬。其次还有职业的标志色,例如:军警的橄榄绿,医疗卫生的白色等。色彩还具有明显的心理感觉,例如冷、暖的感觉,进、退的效果等。另外,色彩还有民族性,各个民族由于环境、文化、传统等因素的影响,对于色彩的喜好也存在着较大的差异。充分运用色彩的这些特性,可以使我们的设计具有深刻的艺术内涵,从而提升设计的文化品位。

暗色中含高亮度的对比,会给人清晰、激烈的感觉,如深黄到次黄色。暗色中间含高亮度的对比,会给人沉着、稳重、深沉的感觉,如深红中间是次红。中性色与低高度的对比，给人模糊、朦胧、深奥的感觉，如草绿中间是浅灰。纯色与高亮度的对比，给人跳跃舞动的感觉，如黄色与白色的纯色与低亮度的对比，给人轻柔、欢快的感觉；如浅蓝色与白色纯色与暗色的对比，给人强硬、不可改变的感觉。

1)色调

暖色调。即红色、橙色、黄色、赭色等色彩的搭配，可使设计呈现温馨、和煦、热情的氛围。

冷色调。即青色、绿色、紫色等色彩的搭配，可使设计呈现宁静、清凉、高雅的氛围。

对比色调。即把色性完全相反的色彩搭配在同一个空间里。例如：红与绿、黄与紫、橙与蓝等的搭配，可以产生强烈的视觉效果，给人亮丽、鲜艳、喜庆的感觉。当然，对比色调如果用得不好，会适得其反，产生俗气、刺眼的不良效果。这就要把握“大调和、小对比”这一个重要原则，即总体的色调应该是统一和谐的，局部的地方可以有一些小的强烈对比。

2)色素

(1)色环

我们将色彩按“红→黄→绿→蓝→红”依次过渡渐变，就可以得到一个色彩环。色环的两端是暖色和寒色，当中是中性色(见图3.27)。

红.橙.橙黄.黄.黄绿.绿.青绿.蓝绿.蓝.蓝紫.紫.紫红.红

||||暖色系　中性系　寒色系　中性系

图3.27　色彩环

(2)色彩的心理感觉

不同的颜色会给浏览者不同的心理感受。每种色彩在饱和度、透明度上略微变化就会产生不同的感觉。

红色：强有力，喜庆的色彩。具有刺激效果，容易使人产生冲动，是一种雄壮的精神体现，给人愤怒、热情、活力的感觉。

橙色：也是一种激奋的色彩，具有轻快，欢欣，热烈，温馨，时尚的效果。

黄色：亮度最高，有温暖感，具有快乐、希望、智慧和轻快的个性，使人感觉灿烂辉煌。

绿色：介于冷暖色中间，给人和睦，宁静，健康，安全的感觉。和金黄、淡白搭配,产生优雅,舒适的气氛。

蓝色:永恒、博大,最具凉爽、清新的特性,专业的色彩。和白色混合,能体现柔顺,淡雅,浪漫的气氛,使人感觉平静、理智。

紫色:女孩子通常喜欢这种色,给人神秘、压迫的感觉。

黑色:给人深沉,神秘,寂静,悲哀,压抑的感受。

白色:具有洁白,明快,纯真,清洁的个性。

灰色:具有中庸,平凡,温和,谦让,中立和高雅的个性。

黑、白色:不同时候给人不同的感觉,黑色有时使人感觉沉默、虚空,有时使人感觉庄严肃穆。白色有时使人感到无尽希望,有时却使人感到恐惧和悲哀。

3.5.4 展示空间中的色彩

没有人可以生活在一个无色世界中。色彩令这个世界变得缤纷,它能改变我们的心情,影响我们对某事某物的看法。企业因此愿意把大笔资金投入在设计代表企业的颜色上,设计师尽可能地去表现每种颜色的特质,当你和展示空间中的颜色相遇的一刹那,你可以意会到在那蕴涵色彩的空间形态里,所传递给观展者的信息。那么,色彩运用在展示空间设计中占的位置到底有多重要?

展示空间作品里,一般包含几个必备元素:色彩、图形、文字、影音。这几个元素中,以色彩较为重要。人对色彩是相当敏感,当观展者首次接触一件展示空间作品,最先攫取其注意力的,就是展示空间的颜色,其次是图形,最后才是文字、影音。色彩给人的印象特别强烈,所以设计师最容易通过色彩来表达其设计意念,而身为展示空间设计师,只有懂得色彩基本理论知识,才能有效地使用色彩,发挥其传达信息的重要作用。

3.5.5 展示空间中的色彩密码

展示空间选择色彩与设定色彩牵涉的学问很多,包含了美学、光学、心理学和民俗学等。心理学家近年提出许多色彩与人类心理关系的理论。他们指出每一种色彩都具有象征意义,当视觉接触到某种颜色,大脑神经便会接收色彩发放的讯号,即时产生联想,例如红色象征热情,于是看见红色便令人心情兴奋;蓝色象征理智,看见蓝色便使人冷静下来。经验丰富的展示空间设计师,往往能借色彩的运用,唤起一般人心理上的联想,从而达到设计的目的。

1)展示空间中的色彩象征

红——血、夕阳、火、热情、危险

橙——晚霞、秋叶、温情、积极

黄——黄金、黄菊、注意、光明

绿——草木、安全、和平、理想、希望

蓝——海洋、蓝天、沉静、忧郁、理性

紫——高贵、神秘、优雅

白——纯洁、素、神圣

黑——夜、死亡、邪恶、严肃

但心理学家也留意到,一种颜色通常不只含有一个象征意义,正如上述的红色,既象征热情,却也象征了危险,所以不同的人,对同一种颜色的密码,会做出截然不同的诠释。除此之外,个人的年龄、性别、职业、所身处的社会文化及教育背景,都会使人对同一色彩产生不同联想。如:中国人对红色和黄色特别有好感,就多少和中华民族发源于黄土高原有点关系,因此在不同文化体系下,色彩设定含有不同特定意思的语言,所表达的意义可能完全不同。这个色彩和心理联想的理论,对展示空间设计师来说是个重要的发现。他们在选择运用何种色彩时,须得同时考虑展示空间作品面向的是哪一个受众群,以免得出相反效果。比如:紫色在西方宗教世界中,是一种代表尊贵的颜色,大主教身穿的教袍便采用了紫色;但在回教国家内,紫色却是一种禁忌的颜色,不能随便乱用。假如设计师不留意色彩的潜藏语言,只顾自己发挥,传达了错误的信息,将会影响展示空间作品所传达的正确信息,造成不必要的损失。

2)流行色彩

色彩心理不过是其中一个选择条件,还有其他的原因左右设计师的决定,其中一个极普遍的因素便是潮流。当某个时期,某种颜色或某系列的颜色成为当时社会上的主流偏好,设计师设计新商品时,便不免会较容易倾向选择那些流行色彩。但是,是谁决定哪些是流行色?流行色的研究,是近半世纪的一门新兴学科。世界上有一个国际流行色委员会,专门研究色彩的潮流。每年,委员会会对世界各地的流行色调加以研究分析,预测哪些颜色会成为国际流行色,为设计师提供参考。但最终的决定权还是掌握在市场的无形双手中。

事实上,大部分的流行色彩都是因商业因素而产生,市场中,一些商业投资者和设计师共同努力推动某些色彩,营造一种"某色是最流行"的气氛。这情形在时装市场中尤其明显,时装界经常引领新的色彩潮流,时装设计师每推出新一季的作品,都会带来连锁反应,其他周边产品诸如饰物、手表、背包、手提电话等,都会采用类似的色调,以求合衬,推而广之,其他用品的颜色也受影响。

目前各个不同地区的交流频繁,流行色的覆盖层面越发广阔,对展示空间设计的影响力亦逐步加强。以近年为例,潮流追捧金属色系,新涌现的产品全部都不得不抹上三分金属色彩。设计师以提高商品的吸引力为大前提,顺应潮流用某些色彩,在几种潮流色彩中翻出新意,创作出许多精彩的作品。但值得深思的是一些盲目跟从潮流、不假思索的"设计师",他们的制成品欠缺新意,只求赶上潮流,创作态度极为敷衍,长此下去,整个社会对创作的要求大有可能会不自觉降低,令人忧虑。

3)意念为体、色彩为用

翻开任何一本有关色彩设计的书,都有谈到一些运用色彩的基本技巧,诸如注意冷暖色的对比,色彩分布的平衡,颜色的统一和谐等。但有趣的是差不多没有一本书提到过意念和色彩设计的关系,意念是设计之本,当你面对数以千计的颜色时,那一阵子的兴奋,那一瞬间的眼花缭乱,足以令你完全忘记最初想要表达的是什么,真正要突出的是什么。让我们还原基本,回到创作意念的阶段。之前提过的设计诸元素:色彩、图像、文字、空间全部都只不过是一个设计的外表,一个设计的真正灵魂其实来自设计师的创意。没有意念的展示空间色彩设计,无异于一具空有漂亮外表的躯壳,在最初目睹的一刻,或会吸引投来的目光,但观众能否长期记得这个设计,却很成疑问。只有把创作意念融入色彩设计中,整个设计才有灵魂,那些颜色才晓得向观众传情达意。为什么同样是运用那一堆颜料,有些设计可以令人久久难以忘怀,有些却只是过眼烟云。我们必须忠告设计师应该认真从创作意念出发,而不要把心思全花在别的方面。

有些设计,在色彩运用上力求大胆创新,它推翻了一切色彩的基本定律,在视觉上会产生颇为震撼的效果,但我们还是不得不问,这个做法是否必须?构思色彩时,最起码要让色彩表现作品的特质,譬如一个表现新型健康食品的展示摊位,便应尽量用鲜明的色彩,去引起观众的食欲,但如果只为吸引注意,而采用极端大胆、反传统的颜色,这种纯粹为大胆而大胆的做法,是否可取?"大胆创新"和"标奇立异"之间,有时颇难准确拿捏,设计师并不等同艺术家,艺术家是可以全然感性,而设计师在感性之余,却需要有理性去制衡。当脑海中充满天马行空的意念,艺术家会不管世俗眼光,不惜一切将他的创作意念全部倾泻，因为他的作品只需向他的艺术世界负责，但设计师就不能脱离客观环境，他要考虑这个设计是否真的可行，能否促销商品，它会给社会大众带来什么影响等。“推陈出新”和“脱轨”这条分界线该怎样划，就要设计师自己去决定了。

思考题

1. 思考色彩和空间之间的关系。

2. 思考动线对于展示空间中的作用。

3. 结合美学法则(对称、和谐、律动、对比等)对城市商业街区的橱窗做设计分析。

4. 组织人体计测以下动作：动作一，拉抽屉；动作二，旋转开关；动作三，开启窗户(计测内容包括：动作行为分析、动作分解照片、动作解析、数据分析)。

5. 利用色彩象征理论，选取三种色调分别表现崇高、热烈、悲伤。

6. 选择一种材质完成一组形态单元模块，利用这组单元模块表现美学法则中的对称、渐变、和谐、韵律、特异。

7. 在面积为1 200 m^2 的场地中，设定一个入口和出口；以3×3(单位：m)为一个展出单元，主通道尺寸为3.5～4 m，辅助通道为2 m，最大限度地合理布置展出单位，并绘制出展览的动线(图幅、比例尺自定)。

第4章
展示空间的场地要求

【本章导读】

本章着重探讨展示空间的场地要求，包括商业各种展示场地空间的尺度；展示空间的场地中提供的必要设备；展示空间所必需的物理参数；以及空间距离控制、空间视觉符号展现等。重点研究了对展示空间的各种相关展示道具人机工程尺度的把握。

【关键词汇】

空间尺度　技术参数

4.1 展示空间的建筑的基本规范

作为展出临时陈列品之用的公共建筑，按照展出的内容分综合性展览馆和专业性展览馆两类。专业性展览馆又可分为工业、农业、贸易、交通、科学技术、文化艺术等不同类型的展览馆。

展览馆是18世纪中叶在英国出现的。最早的大型展览馆建筑是1851年建造的伦敦水晶宫。展览馆一般由陈列部分、观众服务部分、管理部分和展品储存加工部分组成。有的展览馆还设有信息交流、咨询服务、贸易洽谈、视听演示等房间。

4.1.1 展示功能建筑

1)选址和总平面布置

展览馆的人流集散量大，选址和总平面布置的要求是：展览馆址宜选在城市内或城市近郊交通便利的地区。大型展览馆应有足够的群众活动广场和停车面积，并应有室外陈列场地。室外场地要考虑环境的绿化和美化。各功能分区之间联系方便又互不干扰。建筑层数一般不宜过高。注意各陈列馆之间的相互关系，根据不同性质和具体情况组成有机的建筑组群。

2)陈列设计

展览馆的陈列室是建筑设计的中心环节，设计要点是：陈列室的布局形式根据陈列内容确定，可采取整体连续式、平行多线式或分段连续式，但都要有系统性。参观路线要明确，避免迂回交叉。参观路线不宜过长，应适当安排中间休息的地方。陈列室与交通枢纽(门厅、过厅、休息厅、楼梯、电梯等)之间的联系要方便。出入口要明显，室外交通道路要顺畅，运输路线不应干扰参观路线。陈列室如设在楼上，应有供老人、儿童、孕妇、残疾人使用的电梯和运输展品的专用电梯。陈列室应有良好的朝向，但要避免阳光直射展品。尽量避免馆内外噪声干扰。创造良好的通风条件和安排通风设备。充分利用陈列墙面，使采光口不占或少占陈列墙面，以加大有效展览面积。要有良好的采光条件，采光口的形式应根据展品选定。现代大型展览厅的陈列室主要用人工照明。陈列方式要与照明方式统一考虑,对艺术品的照明应使光色成分接近天然光。对珍贵展品要有特殊的安全保卫措施,应考虑周密的消防措施。

4.1.2 标准商业展示建筑的空间尺度与技术参数

1)郑州国际会展中心

郑州国际会展中心是郑州市中央商务区三大标志性建筑之一,主体为钢筋砼结构,屋面为桅杆悬索斜拉钢结构。郑州国际会展中心由会议中心和展览中心两部分组成,建筑面积22.76万 m^2,可租用室内面积占7.4万 m^2,是集会议、展览、文娱活动、招待会、餐饮和旅游观光为一体的大型会展设施。

会议中心:主体建筑6层,建筑面积6.08万 m^2,设有可容纳3 160人开会或1 660人就餐的轩辕堂、1 090人的九鼎厅,两个分别可容纳400人的报告厅,17个大中小型会议室、贵宾接待室、中餐厅、西餐厅和咖啡厅。其中九鼎厅拥有8路同声传译系统。

展览中心:主体建筑两层,辅楼6层,建筑面积16.68万 m^2。由两个展馆、会议室、餐饮设施、办公室及商店等组成。两个展馆共可设置3 560个3 m^2 的国际标准展位,展馆跨度102 m并设有五道活动隔断,可把展馆分割成6个独立展览会。二层展馆为无柱间隔。车辆可直接驶入两个展馆布展或撤展。

室外展场:面积3.8万 m^2,设在展览中心及如意湖之间。

室外停车场:面积4.5万 m^2,可停泊1 800辆汽车。

会展经济对于一个城市的经济具有极大的拉动作用,而高质量的会展场所则是会展经济发展的物质基础和保证,高水准的国际会展中心,由于其技术上的先进性,往往成为一个城市现代化、国际化的标志。

(1)功能构成

郑州国际会展中心总占地面积68.57万 m^2,建筑面积21.44万 m^2,以会议和展览功能为主,分为会议中心和展览中心两部分。展览部分平面为端头呈扇形的条式布局,建筑面积15.36万 m^2,可设3 560个国际标准展位,展厅两层,二层无柱,为7.2万 m^2 的大展厅。会议部分为圆形布局,建筑面积6.08万 m^2,由容纳5 000人的多功能厅、1 200人的国际报告厅、两个400人的会议厅及十几个中小型会议室组成。整个会展中心分为两期建设,一期建设部分包括主公共汽车站,次公共汽车站,会议中心(包括引导大厅),展览中心(约13万 m^2)和室外停车场约 2 200 台。二期建设包括展览中心的扩建部分,共 15 万 m^2,以及地下停车场,约 2 200 台。

(2) 立面肌理

郑州国际会展中心(见图 4.1 至图 4.8)以创造郑东新区 CBD 区具有 21 世纪国际水准的大型展览建筑形象为总体设计理念。会展中心位于新都市中心的中央公园内,约 83 ha(1 ha = 1 万 m^2)的中央公园景观优美,会展中心的展览部分弯曲布置,将中央水池围起,形成水域、公园和建筑物的和谐态势,追求建筑与城市空间的和谐共生。会展中心的展览中心和会议中心相对独立,但保持着整体形式的和谐,具有细腻的立面肌理。展览中心由吊杆式悬索屋盖、预制混凝土展示空间和钢筋混凝土建造的两侧附楼组成。屋盖采用张弦梁与钢缆索组合成的悬吊式屋顶结构,排列井然的吊杆产生强烈的视觉感触,建立一种浪漫的象征形象。整个屋顶结构新颖独特,消解了整个建筑的巨大体量感,使建筑更加和谐地融入整个环境。由于整个展览中心在一期工程长度达到了 390 m,二期工程竣工后更是达到了惊人的 840 m,形成了大尺度连续的墙面,为了消除巨大墙面的压抑感,设计中压低了建筑高度,并且在外墙采用强调横向接缝的设计和接近人体标准的尺度。大型的悬吊式屋顶与两侧的混凝土附楼不直接碰撞交接,而是采用玻璃作为过渡,弱化整体体量,而且可以更好地突出屋顶轻盈的效果。面向中央公园的中心水域,展览楼立面采用了玻璃和金属遮阳板组合构成,形成富有时代气息的表现手段。通过中心水池与展厅之间的观景走廊,景观和光线在这里交融、渗透、流动,在人们的心中留下深刻的印象。

图 4.1 会展中心外观

会议中心由中心桅杆,折板形格构屋顶,以及外围的 V 形树状支撑构成,整体呈现纤细而轻盈的形象。在中心立柱上设置的吊缆进一步突出了会议中心

图 4.2 会展中心远景

图 4.3 一层场景

图 4.4 二层场景

图 4.5 二层场景

图 4.6 圆形天窗

图 4.7 内部屋顶结构

图 4.8 外部屋顶结构

轻盈的感觉。在折板形格构屋顶的中央部分，设置圆形天窗，自然光从屋盖的透明体中漫射进来，沿着具有向心感的桁架结构向上逐渐变亮，光线轻柔而飘逸，加强了桁架结构的结构表现力。室内屋盖不做吊顶，结构暴露。利用屋盖结构的特殊形态和技术表现力来表现在变化中取得和谐的整体效果。结构构件简洁，传力清晰，轻灵剔透，减轻了封闭的压迫感，又充分表现了建筑艺术与技术的完美结合。立面与展览中心的思路一致，混凝土外围墙壁与屋顶分离，使用玻璃作为其间过渡。根据屋顶形式，玻璃部分采用三角形，其窗框采用放射形构图，通过这种手法使易于产生单调外观的立面具有了独特的视觉形象。

(3)技术表达

现代科学技术的发展，对建筑造型产生了巨大影响，技术与艺术的结合，改变了建筑创作的观念，拓展了建筑设计的方法与表现力，打破了以往单纯从美学角度追求造型表现的思维，开创了从科学技术的角度出发，以"技术性思维"捕捉结构、构造、设备技术与建筑造型的内在联系，将技术升华为艺术，并使之成为富于时代气息的表现手段。郑州国际会展中心工程，造型新颖，技术含量高。其中展览中心，由跨度 102 m，宽 60 m 的矩形单元和扇形单元组成，一层最大柱网 30×30 m，二层无柱，为 7.2 万 m^2 的大展厅，高 40.5 m，屋面采用新型建材钛锌合金板。展览中心部分的屋盖体系采用桅杆上的拉索分块连接跨边和跨中的预应力索拱的屋盖构件，构成空间斜拉式预应力索拱结构体系。其中，屋盖体系的跨中部分是由张拉索及格构式劲性拱组合而成的索拱构件，1 根桅杆和 6 根拉索组合而成 1 组空间斜拉系统。这种大跨度的空间结构形式是悬索结构体系的杂交新品种，完全雷同的工程案例尚未发现。整个结构体系简洁清晰，具有极强的技术美学表现力，形式和功能达到了完美统一。会议中心屋顶盖轻巧雅致，造型像把撑开的伞，由中央桅杆和拉索、外环支撑系统、屋面折叠桁架组成。位于圆心的屋面桁架沿圆形屋顶径向均匀分布，与内外环形成稳定体系，12 组树状支撑柱和外环桁架形成刚性抗侧力框架。

2)上海新国际博览中心

它是由德国慕尼黑国际博览集团、德国汉诺威展览公司、杜塞尔多夫展览有限公司及上海市浦东土地发展(控股)公司联合投资组成。建成初期就达到室内展览面积 45 000 m^2 和室外展览面积 20 000 m^2。2002 年春又一新馆落成开放，目前 5 个可租用展厅的室内展览总面积达到 57 000 m^2。全部竣工后，上海新国际博览中心将拥有 200 000 m^2 室内展览面积和 50 000 m^2 室外展览面积。上海新国际博览中心由中德合作，是国内首个集高度功能性和独特的建筑设计风格为一体的展览场所。新展馆功能性的理念和建筑由投资方和知名的建筑师 Helmut Jahn 先生共同合作。上海新国际博览中心标志着亚太地区最具现代感、最有效的展馆落成(见图 4.9 至图 4.13)。

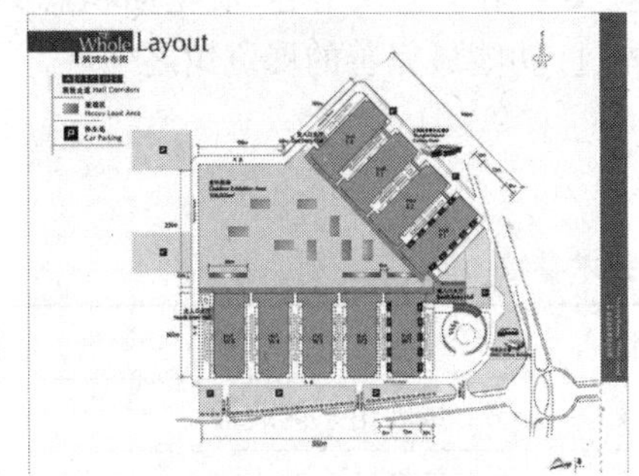

图 4.9 整体示意图

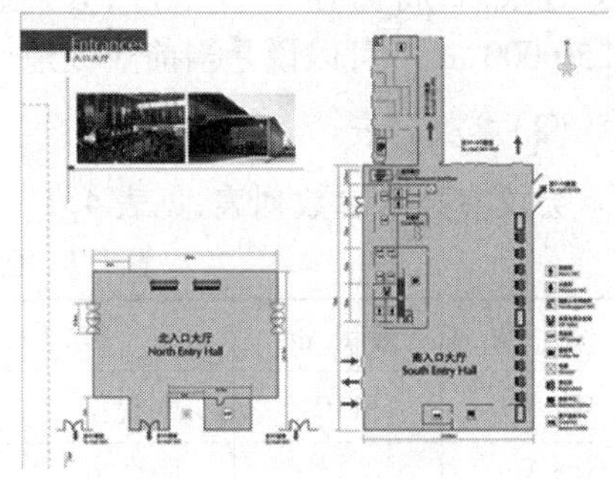

图 4.10 入口示意图

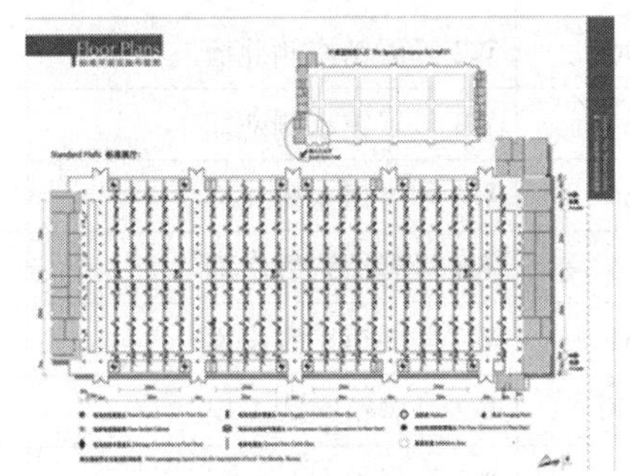

图 4.11 楼层平面示意图

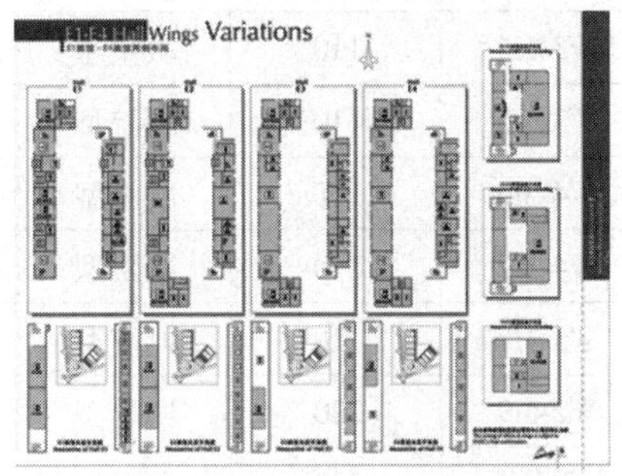

图 4.12 E1-E4 展厅技术参数

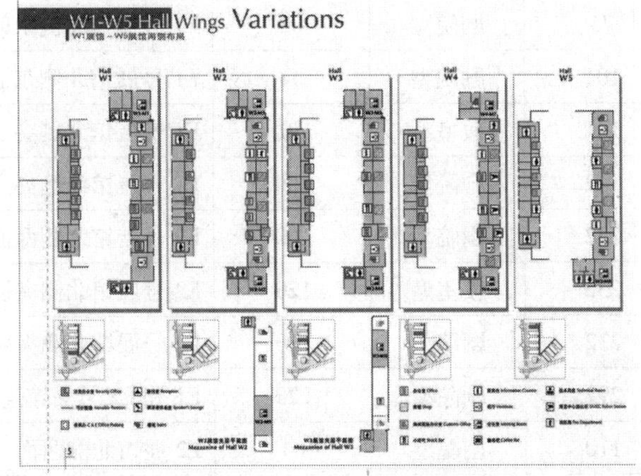

图 4.13 W1-W5 展厅技术参数

(1)展馆规模

目前,拥有5个无柱的展厅面积达57 500 m^2,以及20 000 m^2 室外展览面积。建成后,将拥有17个展厅,并拥有1座宾馆附带会议中心,展览面积总共为250 000 m^2。可以说是当前亚太地区最先进,功能最完善的展览馆之一。

(2)参数列表

会议室技术参数列表,见表4.1。

表4.1 会议室技术参数

编 号	面积/m^2	安 排	容量/人	位 置
W1-M1	110	剧院型	64	W1号展馆东侧北面
W2-M2	110	剧院型	64	W2号展馆东侧南面
W2-M3	110	剧院型	64	W2号展馆东侧北面
W3-M4	110	教室型	40	W2号展馆东侧北面
W3-M5	110	剧院型	64	W3号展馆东侧南面
W4-M6	110	剧院型	64	W3号展馆东侧北面
W4-M7	110	剧院型	64	W4号展馆东侧南面
W5-M8	110	剧院型	64	W5号展馆东侧南面
W2-M9	220	剧院型	160	W2号展馆东侧夹层
W3-M10	220	教室型	120	W3号展馆东侧夹层
E1-M11	75	剧院型	60	E1号展馆北侧中间
E1-M12	75	剧院型	60	E1号展馆北侧中间
E1-M13	101	剧院型	64	E1号展馆北侧东面
E2-M14	101	教室型	40	E1号展馆北侧夹层
E1-M15	232	剧院型	160	E1号展馆北侧夹层
E1-M16	232	剧院型	160	E2号展馆北侧西面
E2-M17	232	教室型	120	E2号展馆北侧夹层
E2-M18	232	剧院型	160	E2号展馆北侧夹层
E2-M19	292	剧院型	220	E1和E2号展馆连廊夹层
E2-M20	110	剧院型	64	E2展馆北侧西面
E3-M21	110	教室型	64	E3展馆南侧西面

续表

编　号	面积/m²	安　排	容量/人	位　置
E3-M22	110	剧院型	64	E3 展馆北侧西面
E3-M23	242	教室型	160	E2 和 E3 展馆连廊夹层
E3-M24	220	剧院型	160	E3 展馆南侧夹层
E4-M25	110	剧院型	64	E4 展馆南侧西面
E4-M26	110	剧院型	64	E4 展馆北侧西面
E4-M27	220	剧院型	160	E4 展馆北侧夹层
E5-M28	161	剧院型	110	E4 和 E5 展馆连廊夹层

E1-E4 展厅技术参数列表,见表 4.2。

表 4.2　E1-E4 展厅技术参数

设　施	E1-E4 号展馆	E1-E4 号展馆夹层
观众入口	每个展厅西侧各 2 个玻璃入口	楼梯
展览毛面积	11 500 m²/馆	—
展品入展台	每个展厅南北各 5 扇大门(5 m 宽,4 m 高)	—
展厅地坪	强固水泥,展场承重室内为 3 吨/m²,室外为 5 吨/m²	—
电梯	—	—
电量	3 000 kW/馆(E1/E2),3 400 kW/馆(E3/E4)	—
供电方式	3 相 5 线制,380 V/220 V,50 Hz	—
压缩空气	10^{-4} Pa 以内,管径分别为 10 mm,19 mm,25 mm	—
展厅亮度	250 lx	—
展厅高度	11～17 m(W1-W4,E1-E4),17～23 m(E5)	—
搭建允许高度	8.5 m	—
展厅悬挂物	200 kg 以下静态轻质广告载体	—

续表

设　施	E1-E4 号展馆	E1-E4 号展馆夹层
给水口	每个展馆 210 个，管径 15 mm，20 mm，25 mm	—
排水	每个展馆 105 个，管径 100 mm	—
消防	烟感报警、自动喷淋、便携式灭火器，消防栓	烟感报警、自动喷淋、便携式灭火器
空调	有	有
新风	有	有
电话	市内、国内、国外直拨	—

W1-W5 展厅技术参数列表，见表 4.3。

表 4.3　W1-W5 展厅技术参数

设　施	W1-W5 号展馆	W2，W3，W5 号展馆夹层
观众入口	每个展厅东侧各 2 个玻璃入口	楼梯
展览毛面积	11 500 m^2/馆	—
展品入展台	每个展厅南北各 5 扇大门（5 m 宽，4 m 高）	—
展厅地坪	强固水泥，展场承重室内为 3 吨/m^2，室外为 5 吨/m^2	—
电梯	—	1 部
电量	2 400 kW/馆	—
供电方式	3 相 5 线制，380 V/220 V，50 Hz	—
压缩空气	10^{-4} Pa 以内，管径分别为 10 mm，19 mm，25 mm	—
展厅亮度	250 lx	—
展厅高度	W1-W4 展馆 11 ~ 17 m，W5 号展馆 17 ~ 23 m	—
搭建允许高度	W1-W4 展馆 8.5 m，W5 号展馆 14.5 m	—
展厅悬挂物	200 kg 以下静态轻质广告载体	—

续表

设 施	W1-W5 号展馆	W2、W3、W5 号展馆夹层
给水口	每个展馆 294 个,管径 15 mm,20 mm,25 mm	—
排水	每个展馆 168 个,管径 100 mm	—
消防	烟感报警、自动喷淋、便携式灭火器,消防栓	烟感报警、自动喷淋、便携式灭火器
空调	有	有
新风	有	有
电话	市内、国内、国外直拨	—
Internet	ISDN(128 K)、无线宽带网(共享 11 M)、有线宽带网(最大可独享 10 M)	—
保安	24 h 保安服务,中央监控,传感报警	24 h 保安服务,中央监控,传感报警
问讯台	有	有
广播系统	有	有
应急照明	有	有
男、女卫生间	W1-W4 号展馆每馆 2 个男厕,2 个女厕。男女残疾人专用厕各 1 个,W5 号展馆共 8 个厕所,男女各 4 个	1 个男厕,1 个女厕
会议室	W1、W5 号展馆各 1 个,W2、W3、W4 号展馆各 2 个(面积为每个 110 m^2)	W2、W3 号展馆各 1 个(面积为每个 220 m^2)

入口大厅技术参数列表,见表 4.4。

表 4.4 入口大厅技术参数

观众入口	玻璃大门(1.75 ~2 m 宽,2.4 m 高)
展览毛面积	2 668 m^2/650 m^2
展品入展台	—

续表

展厅地坪	—
电梯	1 部
电量	—
供电方式	3 相 5 线制,380 V/220 V,50 Hz/单相 220 V,50 Hz
压缩空气	—
展厅亮度	—
展厅高度	—
搭建允许高度	—
展厅悬挂物	只允许悬挂广告旗/不允许
给水口	—
排水	—
消防	烟感报警、自动喷淋、便携式灭火器
空调	有
新风	有
电话	市内、国内、国外直拨
Internet	ISDN(128 K)、无线宽带网(共享 11 M)、有线宽带网(最大可独享 10 M)
保安	24 h 保安服务,中央监控,传感报警
问讯台	有
广播系统	有
应急照明	有
男、女卫生间	2 个男厕,2 个女厕/无
会议室	贵宾室 230 m^2/贵宾室 30 m^2

4.2 商业展示建筑的外围设备发展趋势

新中国国际展览中心项目是由世界知名会展设计公司美国 TVS 和北京市建筑设计研究院合作完成,选址在北京顺义天竺空港城商务区内,现在的国际展览中心,室内室外的展览面积总共也不过 6 万 m^2,这对于日益发展的展览业来说,可谓是捉襟见肘。每逢大型的人才招聘会或车展等展览,还会造成交通拥堵。早在 1999 年,中展集团就决定要建造一个新的国际展览中心。新国展一期的建筑面积达到 35 万 m^2,是老展馆的 5 倍多,总建筑面积将达 60 多万 m^2,绿化面积达到 30%。

1)人流量与洗手间

新国展是国家级展览中心,规划图中增加了商务服务、办公接待、酒店餐饮、健身娱乐、物流租赁、邮局、银行等服务设施,而且洗手间是按照人流量分布的,每 300～500 人流量就有一个洗手间。新国展不但采用了人车分流,而且参观人流和参展物流也被严格分开,互不干扰,最大限度地提升了交通效率。在展馆连廊内,水平的步行梯可以减少观众的步行距离。

2)中水系统

新国展采用了雨水收集设备,凡是落在新国展草地上的雨水都会被回收,用作绿化用水。新国展还建立了废水回收、中水处理设备,处理后的中水可以用于洗手间马桶冲水或绿化。

3)休息区——园林式庭院

新国展的设计图中,在两排展览馆中间有一个园林式的庭院,这是参观者的休息区。展馆结合室外展场集中布置了大面积中心绿化庭院,庭院紧邻展馆内部连廊,是参观者在观展过程中的必经之地。

4)实用性

新国展力求实用,一些花哨的设计不会被采用,比如说玻璃幕墙,采用的是传统的混凝土建筑,不要求标新立异,只要实用且能降低造价。这样就可以把钱花在一些高科技的设备上,为参展商提供更好的服务。新国展建成后,一些小型的展览还会在原国展举办,经过几年过渡后,才会完全转向新国展。

思考题

1. 查找国内主要场馆的硬件资料,分析和总结场馆规划对展会举办的影响。

2. 思考国内外场馆的差异点,找出展示形式与场馆的关联。

3. 依据新国际博览中心场地功能列表,实测本地展览场地,并绘制相关的功能列表图。

4. 依据展览场地的功能要求组织设计各功能区域的引导识别系统。

第5章
展示、演艺空间距离与控制要素

【本章导读】

本章着重探讨展示空间的距离控制要素，包括空间信息展现与视点的关系，如何感受空间和空间形态以及空间的第四维度时间等，在三维空间中已经纳入时间的流程变成具有流动的四维时空。这是因为时间演示着它自己特有的与空间完全不同的一种维度——流逝与连续性，只有加上这一特性才可以真正描绘出空间的真实，展示空间也因时间而获得活力。同时，展示空间中包含着许多与人有关的各种控制要素，这种要素主要集中在人-物的距离上。

【关键词汇】

时间　视线　人物交互

5.1 展示空间中有意义的距离

5.1.1 视点移动与空间展现

举个简单的例子,一个人站在一个具有6个界面的长方体或正方体展示空间内,如果不转动身体及头部,得到的仅仅是一个固定的单一角度的空间视觉形象,而且看到的最多5个界面,如果转动一下身体或头部,或者通过行走便可得到多个角度的画面,而且可以产生连续的空间,同时也可很轻松地看到完整的6个空间界面。对空间的理解和认识是建立在一个持续的运动体验上的,而运动的过程包含着时间的延续,这就是我们需要进一步讨论的。

探讨如何感受空间和空间形态以及空间的第四维度时间,首先有必要阐述一下视觉的基本概念(见图5.1和图5.2)。人的视觉系统,是外界的光由瞳孔进入眼球内部,在视网膜上形成映像,然后由视神经纤维传递给人脑。形成最初的视知觉空间中的视觉经历则是由于视点的连续改变而产生的。眼球转动时,即视点的角度发生位移,使我们看到的是视野所及的空间范围,也就是水平、垂直视野各120°的范围,这样就会在视网膜上形成静止而连续的映像。如果眼球(视点)随头或身体改变而发生移动时,就会引起视网膜上映像的关系改变,形成运动视差和各种空间透视变化,从而使人们看到大于视野的任何范围。我们知道,展示空间是被建筑实体框定在一定空间内,即被多界面所限定和围合的,那么在展示空间中,人的视觉完全被不同的展示空间界面所包围,不可能像欣赏一幅画那样,只需对面用一个相对的视觉去观察。所以要感知一个具有高、宽、深三维度的空间,用以固定的视点是达不到的,只有从多个视点、多个角度观察。人在空间中穿行,身体在运动,头在运动,视点也随之在动,视距视野在变化,从而得到一个动观的视线,这样的动观线才使人感知到空间。这同观看电影比较相似,电影画面的空间运动是通过摄像机的位移,镜的变焦与镜头的剪辑形成,使人看到连续不断的画面。在这里可以看出,观看电影,作为观赏的主体——人的位置不动,也就是视点视距相对保持不变,而是画面在动。体验空间则是主体在动,视点、视距也随之在变,这样空间透视关系不断发生位移,我们看到的则是一幅连续的动态画面。

图5.1 展示空间示样

图5.1:具有流动的四维时空演示着一种不同的维度。人流和物流的流动有很大的区别,对展会现场人流的控制成为办好一次展会的指标之一。它涉及展览安全、有效参观和时间管理等诸多问题。

图5.2 空间中的"人本"设计

图5.2:"人本"设计的理念是时间和空间设计共同的主体。对人和人的行为进行认真地研究,解决好视觉距离等参数的控制是展示设计的设计目标之一。

在实际展示空间中,通过人的这种动观视线,不仅体会到空间及空间形态,也同样感觉着一样具有三度空间的展示道具及其他展示空间陈设要素,它们不论是以线、面,还是以体量出现的,都是占有或限定空间的。同时也不断地得到空间能赋予各种展示空间的特性及各种风格形式的信息,以及各种特定的形状、色彩、质感等形态语言也可以直接诉诸视觉,成为感知展示空间艺术所不可缺少的空间的要素。当然,视点的位移,毕竟还是受到主观意识的控制。如果是有意识的,那么人们就会选择步行的幅度和速度,视野移动的角度,以及决定感知对象是迅速扫描还是凝视静观。即使无意识,人们也不间断地使眼球运动,对视野内进行浏览式观察,被动地感知空间形态。

正如前面所说的运动形式,人们通过视觉感知一个静止而连续的空间,并不是瞬间的事,而是同音乐艺术一样需要持续性时间。正是因为建筑同音乐一样具有旋律和节奏,德国哲学家谢林才认为"建筑是凝固的音乐",他是仅仅从建筑存在的方式和外部特征来看。如果是从主体感知对象的方式来看,也可以说"建筑是流动的视觉音乐"。这是因为建筑的是空间,而展示空间的感受需要视点的持续移动。这种视觉所接受的空间信息的形式与音乐的形式也有相似之处,它是一种展示过程,是在时间中依次展开的,在时间的进程中凝固的空间。因此展示空间艺术同音乐一样,也是时间艺术,不同的是音乐的审美体验是对处于时间过程中声音的持续性体验，而展示空间环境的审美通过运动中的视觉体验，是随时间量的作用而依次感知，从引导、激发到高潮和结束。从空间序列上看，主题展示空间由前部信息导引空间作为整个序列的引导，然后通过令人产生某种期望的辅助空间，视觉张力得到充分延伸，进而到达形成高潮的核心展示空间。通过这一空间序列，可以看出展示空间的变幻，表面上是展示空间的变化，但实际上却综合地表现出时间的进程，在时间的作用下，我们才感到空间的和缓与舒放、光影的明亮与昏暗、色彩的对比与和谐。

时间与空间是两个相对应的要领，但借助于以上分析，便可以发现两个特征是相互联系的。在三维空间中已经纳入时间的流程变成具有流动的四维时空。这是因为时间演示着它自己特有的与空间完全不同的一种维度——流逝与连续性，只有加上这一特性才可以真正描绘出空间的真实，展示空间也因时间而获得活力。

展示空间环境从本质上说，是以空间为存在方式，并诉诸视觉感官来传达的艺术，它作为主体审美经验的物化形态，其视觉呈现是三维的，表现出一种静态的形式结构，但是就感知和传达来说，是通过运动的视域所展示和传达的，并随时间流程而依次感知，所以它不仅具有动态，而且它也是以时间为存在方式。

5.1.2 人-物交互

以往常见的展示空间操作界面的涵义是在人机工程学中。“人-物界面”是指人机间相互施加影响的区域，凡参与人机信息交流的一切领域都属于人-物界面。人的尺度，既应有作为自然人的尺度，还应有作为社会人的尺度；既研究生理、心理、环境等对人的影响和效能，也研究人的文化、审美、价值观念等方面的要求和变化。在展示空间设计领域中设计的界面存在于人-物信息交流，它反映着人-物之间的关系（见图5.3至图5.8）。

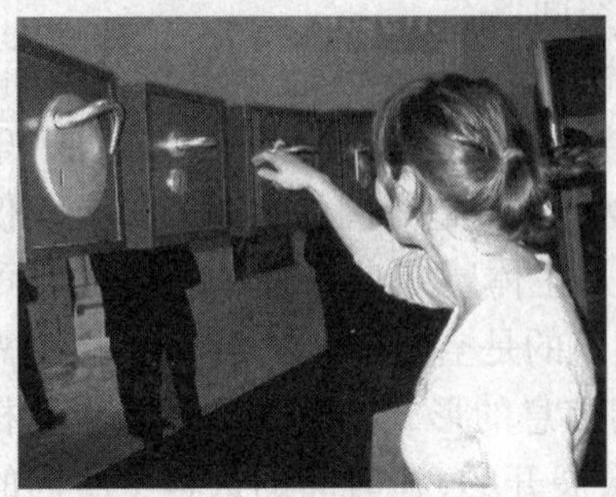

图5.3 人-物交互场景

图5.4 人-物交互场景

图5.5 人-物交互场景

图5.6 人-物交互场景

图5.7 人-物交互场景

图5.8 人-物交互场景

图5.3、图5.4、图5.5、图5.6、图5.7、图5.8：这些都是在展会现场中常见的一些"人-物"交互的场景。界面设计成为人物交互设计的载体，对以人为认知主体和服务主题的研究逐渐成为一门新的研究方向。

"人"是展示设计操作空间界面的一个方面，是认识的主体和设计服务的对象，而作为对象的"物"则是展示操作空间设计界面的另一个方面。它是包含着对象实体、环境及信息的综合体，就如我们看见一件产品、一个可以传达信息的设备或载体，它带给人的不仅有使用的功能、材料的质地，也包含着对传统思考、文化理喻、科学观念等的认知。

人-物交互设计分类为：

①人-物交互接受物的功能信息，操纵与控制物，同时也包括与生产的接口，即材料运用、科学技术的应用等。这一界面反映着设计与人造物的协调作用。

②人-物交互情感性传递,人-物交互接受物取得与人的感情共鸣。这种感受的信息传达存在着确定性与不确定性的统一。情感把握在于深入了解目标对象的感情,而不是个人的情感抒发。

③人-物交互接受物所构成的外部环境因素对人的信息传递。任何展示设计空间中的人-物交互要素都不能脱离环境而存在,环境的物理条件与精神氛围是不可缺少的因素。

5.2 演艺空间的控制参数

5.2.1 演艺空间的营造标准

1)主舞台

我们以镜框式主舞台为例:镜框式主舞台主要是比较典型的演艺空间,其功能在于能够与观众席之间形成听与看的互动机能。表演者的声音除了可以清晰地传送到厅内的各角落外,表演者在舞台上能接收到观众的情绪反应,甚至能清楚地看到观众的表情。以一般大型演出而言,合理的舞台尺度为:宽14~20 m、深15~18 m,镜框高度为7~10 m,舞台地面高度不宜超过1 m。镜框应具有可调整宽度与高度的功能,可移动镜框后方应一并考虑设置"灯光塔"与"灯光桥",提供更多的灯光投射可能性。镜框式舞台最重要的遮蔽效果由数道布幕形成,因此在舞台两侧应至少保留6 m的翼幕及候场空间。主舞台需要有足够的悬吊空间、悬吊系统与灯光系统。舞台上方工作棚架的高度需为镜框高度的2.5倍以上,并隐藏于观众视线之外,以供布景、灯光及悬吊系统操作与使用。顶棚需要有足够的空间与方便的动线提供人员工作维修、运送机具等,顶棚至天花板 的距离至少3.5 m以上。主舞台周围侧墙应设计多层工作廊道,提供悬吊系统及灯光之工作 平台,廊道上除做灯光器具装设位置与检点空间外,并应设置灯光、音响回路与讯号管线,方便灯光、音响设备的装设。舞台面可以应演出与装台需求升降、旋转与移动。舞台面设有多组"舞台陷阱"通到舞台下,提供演员特殊表演的可能性。舞台表面材质必须能够满足各类节目装台与演出需求,例如:地板钻孔或以螺丝固定,并易于定期维修更新。舞台地板应设计有活动盖板的管线槽,当盖板关上时应与舞台地板齐平,此管线槽提供外加灯光、音响铺设线路,避免妨碍大型舞台布景道具换景。应考虑电气音响加强舞台扩音、节目播音与录音的需求。舞台与布景修补空间、卸货区、化妆室之间的动线,须考虑搬运布景、服装、灯光、音响等器材设备与相关人员的便利性,最好是在同一平面上。主舞台与后台化妆室必须有方便且直接的通道。主舞台与观众席间必须设置合乎法规的防火墙(幕)消防设备,防火墙(幕)的正面可设计为视觉艺术的一部分。

2)后舞台

后舞台位于主舞台后侧,有效面积应与主舞台尺寸对应,高度至少 11 m 以上,连接主舞台的廊道(结构)高度亦不应低于后舞台挑高。后舞台加深主舞台的纵深,可提供投影空间、装台空间、布景空间,亦可为表演空间。后舞台应含转盘式平台车可与主舞台之平台车设备成为互动的转换系统,以自动化机械变换场景,平台车驶入后,其周围应至少保留 2 m 以上的空间距离。后舞台上方应考虑装台组装布景、灯光的悬吊设备与操作空间需求。应有足够空间容纳外接灯光、音响、特效与影视设备,并提供外接电源设备。后舞台与主舞台间应设置高隔音效能的防火、隔音墙,如此可以在主舞台演出时,于后舞台同时进行道具的准备或拆装。隔音墙应设置单独小门,以利降下时进出后舞台。

5.2.2 其他尺度、色彩控制要求

舞台地下室是设于舞台下部的空间,是作为升降舞台转换的升降空间,空间高度须确保大于镜框高度以上。与舞台相通之道具出入口,应考虑大型道具的搬运,最好在同一楼面,高度需大于 11 m,宽度需大于 4 m。依据防火区划设置隔烟门,该门必须易于移动开启并具有防火隔音性能,并于其上设置小门以利人员疏散。与化妆区相连的出入口门,需考虑演员化妆后服装及配件,高度需大于 3 m,宽度需大于 3 m,应具有防火隔音性能。舞台空调应设置得宜,风速控制以不吹动舞台上布景、布幕为原则,同时亦需注意出风口不可产生噪声,以免对舞台演出产生干扰。舞台内装修以深色系为原则,应避免过于鲜艳的颜色分散观众欣赏舞台演出时的注意力。

图 5.9 舞台场景

舞台的设计与控制,如图 5.9 至图 5.13 所示。

图 5.10　舞台场景

图 5.11　舞台场景

图 5.12　舞台场景

图 5.13　舞台场景

图 5.9、图 5.10、图 5.11、图 5.12、图 5.13：舞台的尺度、距离和灯光等要素的控制和设计在大型活动和演绎现场中有着重要的作用，该系列图片直观地展现出舞台现场的各个场景和要点，这些都是重要的设计要点。

5.3　人在展示空间中的本体需求

5.3.1　沟通的距离

处于同样密度条件下的人，如果感到他（她）能对环境加以控制，则他（她）的拥挤感会下降。一般来说，拥挤不一定造成消极结果，这与一系列其他条件有关。社会心理学家还研究诸如大型展会中种种拥挤带来的影响和社会问题。

搭建展示摊位的结构和布局不仅影响参观展会的工作人员，也影响前来参观的人。不同的摊位设计引起不同的交往和友谊模式。结构复杂规模宏大的特装摊位和整齐有序的标准摊位可能产生不同的人际关系，这必须引起我们的注意。

摊位内部的安排和布置也影响人们的知觉和行为。颜色可使人产生冷暖的感觉,展示道具安排可使人产生开阔或挤压的感觉。展示家具的安排也影响人际交往。社会心理学家把家具安排区分为两类:一类称为疏远社会空间,一类称为亲近社会空间。在前者的情况下,家具成行排列,因为在那里人们不希望进行亲密交往;在后者的情况下,家具成组安排,如家庭,因为在那里人们都希望进行亲密交往。

个人空间指个人在与他人交往中自己身体与他人身体保持的距离。1959年霍尔把人际交往的距离划分为4种:亲昵距离,0~0.5 m,如爱人之间的距离;个人距离,0.5~1.2 m,如朋友之间的距离;社会距离,1.2~2 m,如开会时人们之间的距离;公众距离,4.5~7.5 m,如讲演者和听众之间的距离,人们虽然通常没有明确意识到这一点,但在行为上却往往遵循这些不成文的规则。破坏这些规则,往往引起反感。

5.3.2 群体社交

1)大型展示活动提升双向信息交流的规模与对称性水平

在成熟展会的举办过程中,新老客户的信息交流起到了一种极为重要的作用,这样的信息交流为参会的商家提供了一个前所未有的商业机会。客户间信息交流累积到一定水平,陌生客户就可以变成为成熟客户。如果只拥有单向信息交流,就可能会出现基于信息不对称的操纵型社会关系,因此,展会为社会提供了一个成熟而友善的对称交流的双向交往平台。在目前的中国人的社会交往中,信息交往发生了两个方面的重要变化。其一是大众信息传播无论是媒体数量、类型还是内容总量上均有较大提升,这导致受众对于信息内容的选择性趋强,大型展示活动的集中举办正在日益满足大众信息内容的精确定位,从而使受众对其形成更为明确稳定的心理期望。其二,在公众参与提供信息回馈途径上,新媒体担当了普通社会个体作为信息发出者的重要工具,为我们对大型展示活动提供自己的评论提供了机会。尽管新媒体所代表的社会群体类型和规模还十分有限,但互联网和移动网络高度双向化信息交流模式,在短期内缓和了单向化社会交流模式,并塑造出一个基于数字鸿沟的特殊发声群体——网络和短信积极分子,这一群体对于新社会形态形成乃至公共政策的变化具有较大的影响。这一途径又成为有形展示活动过程直接而且有效的补充。因此,对大型展示活动的组织者和设计者来讲,关注各种信息通路的形象设计与制作成为重要课题。

2)社会网络的资本价值显现

大型展示活动承担起建构新型社会网络关系,并且扩大了社会网络关系规模与水平;从而直接影响到处在这一网络中的个体获得和运用资源的社会地位水平。社会成员社会交往水平与其资源收益水平正呈现良性发展态势,展示活动中既包括经济层面的,也包括精神层面的;既包括社会认同层面的,也包括自我认同层面的,而更重要的是,社会交往规模与水平同时会进一步增进新的社会关系的发展与沟通的质量,从而形成持续的良性循环。展示活动信息沟通水平与沟通模式的质量影响到个体社会生活的质量,同时也影响到社会组织模式的层次。和谐社会,需要我们能表达自己的需要,同时有能力协调这些需要,最终凝聚共识,形成行动的力量,而所有这些大型展示活动需要我们对信息沟通意识与沟通能力进行创新和突破。

5.3.3 营造利于信息沟通的展示空间

1)指导思想

展会整体指导思想必须是:直观、形象、通俗易懂、生动有趣;设计主题在用材、结构等方面尽量体现办会的主题意识。

2)展示风格

根据展会主题及参展单位的特性,来确定展示风格趋向,并将主题概念体现其中。

3)展示空间

选择开放式展示空间与私密洽谈空间相结合,在办展的主题信息展现方式上做到全方位吸引参观者的注意力,展示空间结构安排上应是多层次、多角度、多层面地吸引参观者。

图 5.14 VI 视觉识别系统应用

4)整体 VI 视觉识别系统导入

设计上采用整体 VI 视觉识别系统(统一标志、统一色调、统一布局),以便能将展馆中各个不同单位、不同展览内容版块有机统一;便于信息内容的采集(见图5.14至图5.18)。

图 5.15 VI 视觉识别系统应用

图 5.16 VI 视觉识别系统应用

图 5.17 VI 视觉识别系统应用

图 5.18 VI 视觉识别系统应用

图 5.14、图 5.15、图 5.16、图 5.17、图 5.18：这是一组 VI 视觉识别系统的应用，表明统一有序的视觉识别系统可以保障参展商的利益和企业文化上的成功。

5)空间配置和场地分配

每一具体板块可采用包容空间手法(大空间中套小空间,所传达的信息属同一类,但小空间里的展品更重要)。各版块之间的连接采用连接空间(由于展品的类似,而对空间处理采用淡化方式)和相连空间(两个展示空间紧连在一起但有极清楚的界线)相结合的手法(见图5.19至图5.25)。

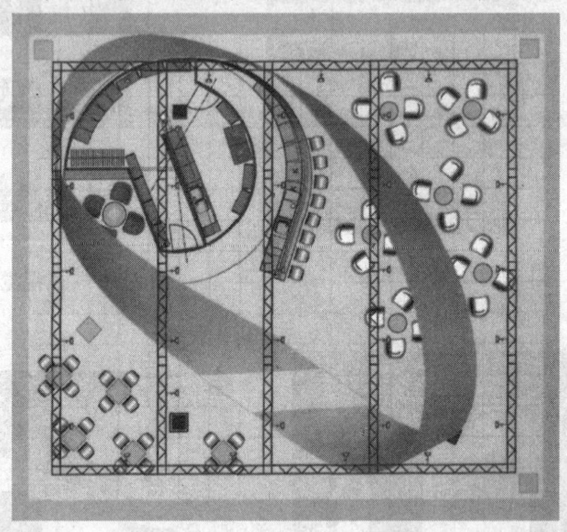

图5.19 展位平面图

图5.20 展位设计

图5.21 展位设计

图5.19、图5.20、图5.21:这是一个以正方形为基础基面建立起来的一个有想象力的展位设计,横跨左右的造型是整体设计的灵魂,也是设计重点。上面的一排小字清晰地传达出企业的品牌和理念。该造型立体感鲜明,给人很强的视觉冲击力。

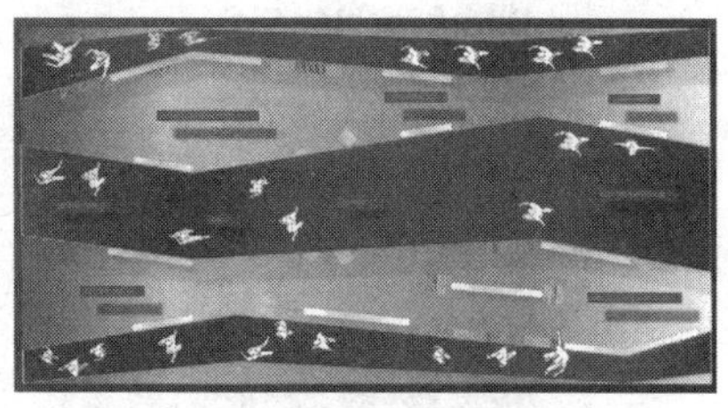

图 5.22　Adidas 展台设计

图 5.23　Adidas 展台设计

图 5.24　Adidas 展台设计

图 5.25　Adidas 展台设计

图 5.22、图 5.23、图 5.24、图 5.25：一组 Adidas 的展示陈列设计。动感、年轻是展示的主题和核心理念，整个展位对于这种理念的把握非常贴切和到位，运用了类似跑道的道具来表现这种品牌精神。模特的丰富的动作表达出 Adidas 产品的定位，全球化的特点也通过展示设计进行了介绍和传达。

6）展馆内各交通节点的视觉诱导

展区的入口及各摊位间空间参观者的运动轨迹必须加以诱导。时序是展示空间总的动线，即决定经过各大展示空间时间顺序的线路，而体现展示空间的前后次序，往往是从展示建筑物入口之前开始的。动线上必须安排可识别的符号指向（见图 5.26 和图 5.27）。

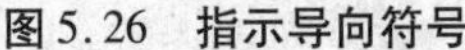

图 5.26　指示导向符号

图 5.27　指示导向符号

图 5.26、图 5.27：动线上安排和竖立的指示导向系统是重要的环节。缺乏统一和规划的指示系统环节会造成展会的混乱，人性化的设计之一就是把会展的指示系统给予指导和规范，统一执行这些指示标准会大大提升展会的质量和管理水平。

7）展品的陈列要求

①形式服务于内容；
②形式美的创造与科学的观赏理念结合；
③在陈列中应追求主题化、整体化。

图 5.28　直接吸顶式照明示样

8）色调运用

选择整个展区色彩主调，其中各具体展位、展品颜色将视具体展品及其方位而定。

9）灯光运用

展示区域全面基本的照明，包括对展品、连接门、人行道、出入口等区域的照明，具体方式有以下几种：

(1）直接吸顶式照明

直接吸顶式照明用于无吊顶自然通风的展厅，带来沉静的气氛，并达到突出重点的效果（见图 5.28、图 5.29 和图 5.30）。

图5.29 直接吸顶式照明示样

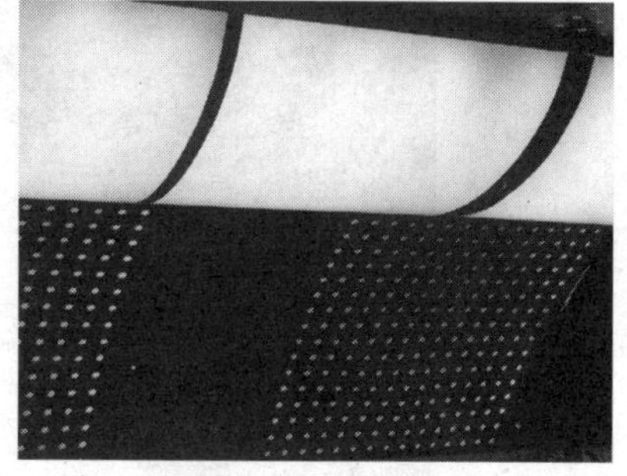

图5.30 直接吸顶式照明示样

图5.28、图5.29、图5.30:直接吸顶式照明是一种基本的照明方式。它起到全面的照明效果,具备覆盖面大、整体感强的特点,多数展会的基本照明均采用这种照明方式。

(2)局部照明

局部照明的根本目的在于突出展品,具体根据展品种类、形状、大小、展示方式来确定(见图5.31和图5.32)。

图5.31 局部照明设计示样

图5.32 局部照明设计示样

图5.31、图5.32:图中的灯光均采用局部照明的方式。这是一种带有指示作用的照明方式,方向感明确、指示感强烈,给观众以明确的指示作用。

(3)装饰照明

装饰照明的目的是烘托展示场地气氛,丰富空间色彩感和层次感,而且还可以消除阴影区,营造展区独特氛围(见图5.33、图5.34和图5.35)。

图 5.33　装饰照明设计示样

图 5.34　装饰照明设计示样　　图 5.35　装饰照明设计示样

图 5.33、图 5.34、图 5.35:装饰照明多用于烘托展示场地气氛,营造出展区独特氛围。

展区内丰富的灯光层次增添了展览的空间效果,烘托出别具一格的展览氛围。

10)道具

展示道具设计是展示空间计划的重要组成部分,是构成展示空间的物质基础。它不仅为展品的承托、保护、吊挂、陈列、照明等功能提供了必不可少的硬件设备,也是形成具体展示空间形象、直接面向公众的实体(见图 5.36,图 5.37 和图 5.38)。具体的将运用下列原则指导:

①有利于对展品的保护。

②有利于人体知觉官能系统的感知或介入,适合人的视觉需要及人体工程学的尺度原则。

③在选用材料方面,尽显环保意识。

④在艺术质量方面,必须为烘托展品服务。

图 5.36 展示道具

图 5.37 展示道具

图 5.38 展示道具

图 5.36、图 5.37、图 5.38:这些道具对于展品陈列的综合效果起到了十分有益的作用。道具设计是陈列当中非常重要的组成部分。

思考题

1. 思考展示空间的距离控制要素对空间的影响。

2. 思考空间信息展现与视点的关系。

3. 思考与时间的维度有关的各种控制要素对空间设计的影响。

4. 根据演艺空间的理论，自主设计镜框式演艺环境下主题音乐会场景（设计应用元素包括音乐会标题、标志、主色调、场景道具形态设计）。

第6章
主题展馆

【本章导读】

本章着重探讨主体展馆的功能定义，包括主体展馆功能设计定位的依据，以及主体性展馆陈列中存在的问题，从技术层面上探讨了主题展馆空间中的非互动关系和互动关系。详细介绍了中国丝绸博物馆和苏州博物馆。

【关键词汇】

功能定义　非互动关系　互动关系

6.1 主题展馆的功能定义

6.1.1 长期主题展示空间功能定义

1)博物馆、美术馆以及长期陈列研究性主题馆空间功能定义

今后10年中国将建约300个新的博物馆,而这只是政府的计划,民间机构建设博物馆的计划还不计算在内,说明基础薄弱的中国博物馆业终于因经济的升温开始受到全社会重视。然而,我们对建设这些新博物馆做好准备了吗?

我们在讨论美术馆、博物馆及其他主题馆的艺术的空间的功能设计时,首先必须就以下问题进行研究:

①展品对空间的要求是什么?

②围绕展品所展开的展示空间的定位是什么?其展品选择标准是什么?

③营造、维护展示空间的经费和展品的保有更新来源在哪?

④维持展馆运营的管理者的职业操守是什么?

⑤展馆的未来向何处去?

当代博物馆、美术馆以及其他主题馆的发展,虽说是反映当代文化的发展,反映时代普遍的精神状态,但是,中国大众鉴赏及其他水准的普遍状态尚处在起步阶段。甚至考虑到相当部分的传统艺术鉴赏家和理论家都不能很好的认识文化艺术空间拓展的意义,这种发展现状使我们必须站在历史的高度认真面对。

就博物馆业的发展来看,在国外,博物馆的建设历史悠久,从其组成结构进行横向分析,发达国家的博物馆分类细致均衡,各历史阶段和专业门类的展览馆齐全,国家和私营机构的博物馆队伍都十分强大。反观中国情况,从1911年张謇在南通建立"南通博物苑"至今,博物馆建设历史不足百年,期间战争和文化浩劫令其发展道路曲折、进展缓慢。新中国成立后博物馆归政府管理,走综合和传统路线,不但缺少摄影博物馆、音乐博物馆、儿童博物馆、玩具博物馆等一类专业和民间机构的场馆,且布局也不均匀合理,主要集中在国内几个经济文化大城市,这种现象直到改革开放才得以逐渐改变。

美术馆的情况与其他馆的境况一样既少又小。艺术在中国不但因时间形成传统和现代之分,还因意识形态分歧出现主流和非主流的区分。相当长的时间里主流艺术独步天下的局面使传统艺术的保留与研究停滞,也造成非主流艺术生存空间狭窄。曾经,非主流艺术既无法进入全国美展等美术家协会主办的展览,也不能在美术馆一类的政府艺术机构办展,他们不得不依靠寻找私人空间或城市周边的闲置空间特别是旧仓库等自己解决活动空间问题。在当年美术馆缺席的情况下,民间自发的艺术空间"替代"了美术馆空间,这些替代空间是对官方艺术展览空间必要和有益的补充。随着中国当代艺术不断成为国家开放形象的象征及艺术收藏和投资成为热点,一时间涌现出大量当代艺术空间,政府的艺术机构如中国美术馆、上海美术馆等也以强大的实力介入其中。有意思的是,这些当代艺术空间的分布和传统的博物馆分布有着惊人的相似,也集中在同样的几个经济文化大城市。

2)博物馆、美术馆以及长期陈列研究性主题馆空间设计中的问题

大多数设计博物馆的建筑师并不了解博物馆的运作,对博物馆场馆各项功能指标缺乏必要的知识,仅凭修建普通场馆的经验来想象并设计博物馆,以至于博物馆外表看起来宏伟而内部空间功能不合理,例如狭小的卸货周转空间、仓储与展厅间过长的工作通道、挑高不足的展厅、材料昂贵承重有限的地板、不同尺寸的门等。在设计美术馆时,建筑设计师们并没有料到有朝一日的艺术展览会如同装修般频繁地改变空间,而是以固有的思维模式、贵族情节,把美术馆设计成殿堂,陈列所谓精英的艺术。结果是设计出来的建筑空间适合陈列传统艺术作品,而对当代艺术的展示需要不是非常适用。当代艺术呈现需要空间改变时,受到相当大的挑战。有来自如空间高度、天花与墙面的质材等硬件上的限制,也有来自已沉淀在建筑中如传统雕塑等文化氛围即软件上的束缚,建筑空间往往无法"消化"当代艺术作品。另外,现有的美术馆在做当代艺术展时顾忌太多,反复调整空间再恢复的过程花费巨大,这对本来就紧张的经费开支造成更大负担。这不仅仅是建筑师在设计时缺乏前瞻性的问题,也有使用者使用不当的问题——传统美术馆本来就不是为当代艺术设计的。在美术馆做当代展,特别是在中国,对才享受此空间待遇没多久的传统美术是不公平的,它挤占了本来就不宽松的传统艺术空间。因此,把传统美术馆还给传统艺术,另外开辟适合当代艺术的展示空间是最好的方式。何香凝美术馆的"OCT当代艺术中心"和广东美术馆的"时代分馆"即是出于这种考虑。

在国家没有专门资金投放在展示场馆时,在大家普遍认为当代艺术就是实

验艺术时,空置的厂房、废弃的仓库就变成抢手的活动与陈列空间。那么,是不是廉价、高大宽敞的空置厂房或废弃仓库、办公楼就适合当代艺术呢?

其实,对任何艺术的运作,理论上都应经过研究、策划、编辑、推广、展览、典藏和教育等一系列操作,展示只是其中一个环节。空间管理者根据空间的条件和对空间的理解,决定了空间在这一链条上的位置,是偏重实验展览、或是偏重展览研究、或是展览收藏。也就是说,什么样条件的空间做什么样的事。当条件允许,艺术空间不仅有能力较系统地展示作品,且能在受众对展览进行研究时,空间自身其实已经具有一定的艺术倾向。那些经过第一轮筛选崭露头角的艺术家与作品透过这一层艺术交流平台进一步扩大社会影响。空间虽然仍是艺术家“可以犯错误”的地方,但空间自己犯错误的几率在降低,因为作品有可能被其他艺术机构或收藏家收藏,所以空间的面积、温度、湿度等方面的要求相对就高一些,硬件设备及布展技术会讲究些。大部分画廊(即使它有收藏,但它收藏的最终目标是待价而沽)以及北京 798 和上海莫干山等的部分空间就是这一中间层次的机构。

6.1.2 主题展馆空间中的非互动关系

非互动的关系是指那些展示空间中共处的一个空间,但彼此并不需要交往的场合,例如广场、图书馆、大厅等一些存在着素昧平生的人流的公共场所。这些场所的设计应充分考虑人们的聚合和分离的两种趋势。有时,人们可能希望暂作停留;有时,人们可能希望聚在一起,进行交谈和休憩;有时可能需要快速离开;有时则希望独处。奥斯蒙德(H. Osmond)于 1959 年提出的“社会离心空间”以及“社会向心空间”理论是解释相应设计问题的重要理论依据。他创造了社会离心(sociopetal)和社会向心(sociofugal)两个新词,描述鼓励或者不鼓励人们交往的空间。他提出的社会向心空间试图将人们聚拢,社会离心空间试图将人们如同离心力般甩开。

运用了“社会离心空间”以及“社会向心空间”的理论。在摊位中安排坐椅凹入形成半围合的座位吸引人们聚拢,便于相互之间面对面的交流;而凸出的座位则缺乏内聚的驱使,更适合人独处。这一理论可以很好地解释人在环境中的心理状况,可以帮助设计师更好地设计公共交往空间。我们发现凹入这样的安排样式,其实就是为人们提供一定的向心核,使人们可以向核心中聚拢;反之,那些缺乏向心核的空间,例如空荡荡的场地,或者笔直的道路则不容易聚拢人群。因此,如果展示设计师期望环境适合人们驻足交流,可以增加一些向心的空间;而如果希望人们不要停留,尽可能快速地离开,则应提供一些离心的设计。我们比较一下那些情调浪漫,适合长时间交流的酒吧、咖啡厅的布局,以及那些希望人们快速用餐的快餐店、餐厅的布局,就不难理解前面的观点。

6.1.3 主题展馆空间中的互动关系

互动的人形成了各种亲疏不一的人际关系,并伴随着相应的心理活动。心理通过其外在行为表现出来,这使得人们在同一空间内所处的位置以及所处位置所带来的交互方式能体现出相互之间的人际关系。这种空间所处的位置有时是通过一定的习惯而人为确定的,最常见的是正式宴会桌的位置排布,每个人所坐的位置直接体现了他们的角色。有时则是人们下意识的行为,是由于人际关系而产生的一种不自觉的行为,这种行为往往能更加真实地体现出人的潜在心理活动,如在场馆的一个摊位里与参观者洽谈的不同位置,均体现了主人与参观者不同的地位与心理状况。展示空间中的互动关系是人的对视、陪伴,其中陪伴的变化形式分为交谈和合作;非互动的关系是展示空间中的各种视觉元素的营造方式、传播媒介、传播手段等。对视的人通常会选择面对面,双方能清楚地看清对方的表情,加之交谈和背景摊位的气氛营造和烘托,使得交流双方很快会向寻求共识的方向发展。其实展示空间的最大功用是通过巧妙的空间设计使参展一方发布信息和观展另一方获得信息,从而使得双方获得机会或资源。

6.1.4 主题性展馆——中国丝绸博物馆

中国丝绸博物馆(见图6.1和图6.2)建馆于1992年,从2002年开始,先后投入1 700多万元,对博物馆的基本陈列、建筑和环境进行了整体的综合改造,2004年第7届中国艺术节前完成整体改造,并以崭新的面貌展示于众。改造后的中国丝绸博物馆,在硬件上基本具备了现代博物馆的功能要求。4 700 m^2 的基本陈列融艺术性、知识性、趣味性、观赏性和参与性于一体,达到了现代博物馆的展示要求。2005年该展览以投入少、效果佳、参与性强等特点,被评为第6届全国博物馆十大陈列展览精品奖。观众人数也逐年增加,2004年为31.6万人次;2005年达到40.4万人次。

国家的投入产生了良好的效应,目前的中国丝绸博物馆处于建馆以来的第二个辉煌时期——展览领先,管理有序,队伍稳定。

中国丝绸博物馆能成为最受游客欢迎的博物馆主要由于以下四方面:一是具有优质的产品。2004年完成的基本陈列,融艺术性、知识性、趣味性、观赏性和参与性于一体，基本具备了现代博物馆的功能要求，达到了现代博物馆的展示要求。二是互动性、参与性项目备受游客的欢迎。为吸引观众和游客，开设了丝绸手绘、扎染和打中国结等手工制作项目，游客和观众，特别是中小学生踊跃参与手工制作活动。2006 年 1 至 9 月，有 2 168 人次参与了手工制作活动。三是观赏性项目吸引了广大的游客。在织造坊，设有汉代的大花楼束综提花织机和少数民族的竹笼机等织机表演及时装表演。四是国家财政经费的不断投入，用于征集藏品、改造馆舍、广场及环境，使地处玉皇山下的中国丝绸博物馆更具魅力。

位于杭州西子湖畔的中国丝绸博物馆，是第一座全国性的丝绸专业博物馆，也是世界上最大的丝绸博物馆。占地 5 ha，建筑面积 8 000 m^2，陈列面积 3 000 m^2，于 1992 年 2 月 26 日正式对外开放。馆内的基本陈列于 2003 年做了全面的调整，主厅讲述的是一个关于中国丝绸的故事，主要讲述丝绸的起源和发展、丝绸的主要种类、丝绸之路及丝绸在古代社会生活中占据的地位。染织厅和现代成就厅分别展示了古代织机发展的历程和新中国成立后我国在丝绸生产、科研和对外贸易上所取得的辉煌成就。馆内还设有临展厅，举办各类临时专题展览。中国丝绸博物馆还拥有一支颇具实力的研究队伍，并成立了中国古代纺织品鉴定保护中心。该中心在丝绸文物鉴定、修复等研究领域领先于全国，其学术交流活动正走向世界。

1）序厅

引导观众进入主题的序厅，起着凸现博物馆的特性和桑蚕丝帛主题的作用：大厅正中的蚕茧抽象模型、其背后绣的桑叶纹理的巨大乱针绣、丝筒吊顶、象征经纬线平纹交织的木格栅和左右两侧的玻璃版面分别简要介绍蚕、桑、丝、绸和丝绸年表，使观众在参观开始就对丝绸生产及中西丝绸发展史有一个初步的认识，为理解后面的展览做铺垫。

2）丝绸厅

陈列分“前言”、“丝绸的起源与发展”、“绚丽多彩的中国丝绸”三部分讲述丝绸的发展历史和绚丽多姿的织染绣品。

①“丝绸的起源与发展”通过“起源与初创—创新与成熟—融汇与发展”子单元的展品与图版的有机结合，展现中国丝绸五千年发展史的 3 个重要阶段。

②“绚丽多彩的中国丝绸”分“形形色色的丝织品种、五彩缤纷的印染织物、美轮美奂的丝绸绣品、寓意丰富的丝绸纹样”四部分，通过展示绫、罗、绸、缎、锦等历代织绣精品、明清官营织造匹料及丝绸品种的组织结构放大模型，并安置

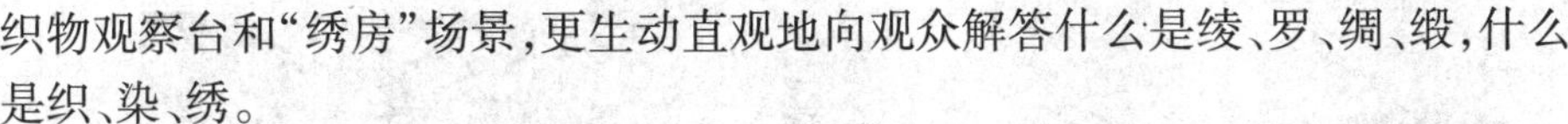

织物观察台和“绣房”场景，更生动直观地向观众解答什么是绫、罗、绸、缎，什么是织、染、绣。

3）丝绸之路连廊

通过大型古代丝绸之路地图和丝路出土的汉唐织物珍品的展示，再现了著名的草原陆路丝路、海上丝路等4条丝路的具体走向及新航路开辟后的丝绸之路和它们所带来的中西方文化的交融。为弥补丝绸之路内容在静态场景的不足，精心制作了丝绸之路DVD录像片，并在展区中开辟小放映室播放该片。

4）服饰厅

分“遵神循礼、锦衣绣服、家常日用”3部分，以丝绸服饰与历代微缩服装人物模型、图版、象征性复原场景相结合的形式，形象地诠释丝绸在古代社会的功用，展现战国至清代流行的袄裙袍服、补服、龙袍等宫廷华服和家常日用绣品。

5）蚕桑厅

主要展示蚕的自然属性，采用科普教育的半封闭式陈列，通过“神奇的变化”、“家蚕最爱吃桑叶”、“蚕体的奥秘”、“蚕茧”、“蚕丝”、“美丽的吐丝昆虫”、“蚕农的家园”、“蚕桑利用”等8个方面揭示从蚕到丝的过程。以桑、蚕、蛾标本与色泽艳丽图版为主要展陈手段，大量采用多媒体形式，安置了数台触摸屏来展示蚕选择桑、蚕结茧过程、蚕器官及蚕乡蚕俗。

6）染织厅

以丝绸的织造、染色工艺为主线，以织具模型形象生动地让观众了解中国古代丝绸染织生产过程。展览分“工艺流程”、“丝线加工”、“机杼原理”、“织机脉络”、“染色体系”5部分。此厅还设立“学习园地”展区，观众可在此动手制作丝绸工艺品，切深感受丝绸手工制作带来的无穷乐趣。同时在多媒体上安装“ZIS素织物计算机设计系统”，学生可以在专业人员的指导下进行织物组织和织物图案的设计，以培养学生的纺织品设计兴趣。

7）织造坊

这是一个全开放式陈列厅，以织机的现场操作表演为主，展示目前仍在生产的民族、民间织机及复原的古代织机。按复原织机、江南染织、少数民族织机为主题来安排13台种类各异的织机，动态的表演展现了我国古代织机的高超技艺，具有强烈的感染效果。

图 6.1　中国丝绸博物馆外景

图 6.2　中国丝绸博物馆内景

6.2　如何赋予展示空间以文化表达

6.2.1　文化遗产展示与公共设施——南京图书馆新馆

走进现代化的南京图书馆新馆一楼，300 m^2 的大厅地面上铺满了明亮的有机玻璃，玻璃下面，1 500 年前的御道、城墙、古井历历在目，它们都是 2003 年考古工作者在南京图书馆建设工地上发掘出来的六朝建康宫城的皇家遗物。走在遗址上，人们感受到的是南京历史文化和现代文明的完美结合。2003 年，大行宫一带有包括南京图书馆新馆在内的数个大型工地开工建设。考古工作者在中山东路以南的新世纪广场工地下，发现了一条南北走向的六朝砖铺路和大量六朝遗址，经过反复研究，认定这条路就是 1 500 年前六朝宫城正门大司马门前的御道，顺着这条道路，海内外学者苦苦追寻的六朝建康宫城（即台城）将彻底揭开神秘面纱。而这条御道横穿中山东路，延伸到南图新馆的建设工地上。当时南图新馆工地正在施工过程中，地下 3 m 处包括砖包城墙、壕沟、路面、古井等大量六朝遗迹不断涌现。南图新馆顺利完工，保留在地下的 300 m^2 展示区则成了公认的“神来之笔”。

尽管现在的遗址展示由 1 300 m^2 落地保护变成 300 m^2 悬空保护，但南博老院长梁白泉先生觉得，能把六朝都城文化之根留在南图新馆中，是给南图新馆增了光。“对南京这样一个文化底蕴深厚的城市，传统和现代化都是需要的，在建设中两者有矛盾是客观存在的，但这不是你死我活的斗争。南图是一次兼顾两者的尝试。”梁先生说，南京是六朝文化的中心，但以前世界各地来寻访六朝文化的人只能看到代表六朝丧葬和宗教文化的陵墓石刻和栖霞山摩崖石刻，而六朝的政治文化和都城文化却无从考察。今天南图留下了这块宫城遗址区，无疑成为六朝文化中不可或缺的展示，对全世界研究六朝文化的专家学者有着巨大的吸引力。

6.2.2 主题性展馆本地文化符号的选择——苏州博物馆

新馆建筑和相伴的忠王府古建筑交相辉映，总建筑面积 26 500 m^2，其中忠王府建筑面积 7 500 m^2，地面一层为主，局部二层；新馆建筑面积 19 000 m^2，为充分尊重所在街区的历史风貌，博物馆新馆采用地下一层，地面也是以一层为主，主体建筑檐口高度控制在 6 m 之内；中央大厅和西部展厅安排了局部二层，高度 16 m。修旧如旧的忠王府古建筑作为苏州博物馆新馆的一个组成部分，与新馆建筑珠联璧合，从而使新的苏州博物馆成为一座集现代化馆舍建筑、古建筑与创新山水园林三位一体的综合性博物馆。

新馆建筑群坐北朝南，被分成三大块：中央部分为入口、中央大厅和主庭院；西部为博物馆主展区；东部为次展区和行政办公区。这种以中轴线对称的东、中、西三路布局，和东侧的忠王府格局相互映衬，十分和谐。

新馆正门对面的步行街南侧，为河畔小广场。小广场两侧按“修旧如旧”原则修复的一组沿街古建筑，古色古香，成为集书画、工艺、茶楼、小吃等于一体的公众服务配套区。

新馆建筑在高低错落的新馆建筑中，用颜色更为均匀的深灰色石材做屋面以及其下白色墙体周边石材的边饰，与白墙相配，清新雅洁，与苏州传统的城市肌理相融合，为粉墙黛瓦的江南建筑符号增加了新的诠释内涵。

新馆建筑用开放式钢结构，替代了苏州传统建筑的木构材料。我们在新馆的大门、天窗廊道、凉厅以及各个不同的展厅的内顶上都可以看到这一特点。开放式钢结构既是建筑的骨架，又成为造型上的特色，它带给建筑简洁和明快的视觉感受，更使建筑的创新和功能的拓展有了可能和保障。

新馆建筑独特的屋面形态，突破了中国传统建筑“大屋顶”在采光方面的束缚。新馆屋顶之上，立体几何形框体内的金字塔形玻璃天窗的设计，充满了智慧、情趣与匠心。木纹金属遮光条的广泛应用，使博物馆充满温暖柔和的阳光。“让光线来做设计”是贝氏的名言。在新馆的大门、天窗廊道、凉厅以及各个不同的展厅的玻璃内顶上都可以看到这一特点。

新馆建筑将三角形作为突出的造型元素和结构特征，表现在建筑的各个细节之中。在中央大厅和许多展厅中，屋顶的框架线由大小正方形和三角形构

图 6.3　贝聿铭设计的苏州博物馆新馆正门外景

成，框架内的玻璃和白色天花互相交错，像是一幅几何形错觉绘画，给人以奇妙的视觉感受。

苏州博物馆新馆的设计和建设过程表明，贝聿铭不仅在主体设计上精益求精，而且在配套设计上力求完美。贝聿铭坦言，老家苏州的山水和园林给他留下了深刻印象，在其建筑设计生涯中起着十分重要的作用。因此，2001 年，当苏州市盛情邀请其主持苏博新馆设计工程时，85 岁高龄的贝聿铭欣然接受。苏博新馆被他视为"最亲爱的小女儿"，他还为其聘请了美国纽约大都会博物馆的陈列专家、建造纽约世贸大楼的结构工程师、法国卢浮宫的建筑噪声专家以及中国古建筑和文物专家作顾问。博物馆的每扇窗户、每项用材、每一个细节他都要亲自过问，仔细斟酌(见图 6.3 至图 6.7)。

图 6.4　贝聿铭设计的苏州博物馆内景

图 6.5　贝聿铭设计的苏州博物馆内景

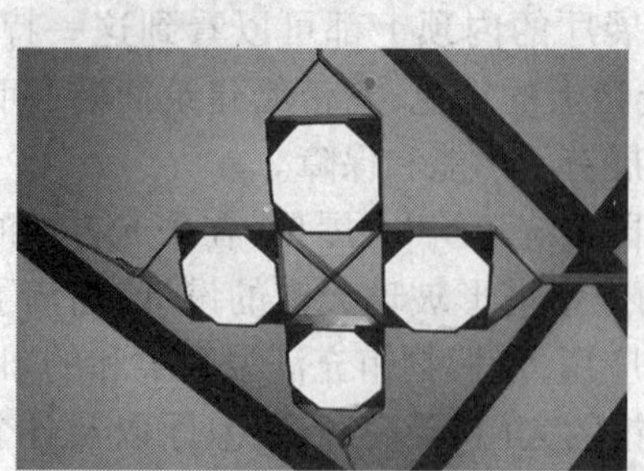

图 6.6　贝聿铭设计的苏州博物馆馆内的灯光设计

图 6.7　贝聿铭设计的苏州博物馆馆内的陈列设计

思考题

1. 主题性展馆的功能有哪些?

2. 主题性展馆功能设计定位的依据是什么?

3. 做主题性展馆陈列中的“展品-人-展馆环境”的互动研究,并以图文的形式作成演示文件说明。

4. 选择一处濒水场地,应用金、木、水、火、土五种中国哲学元素,创建一个能够结合本地文化符号的展示空间。

第7章
展示空间视觉元素构成及参数控制

【本章导读】

本章通过介绍展示道具的功能、形态、使用方式、材料、尺寸罗列，使读者详细了解展示空间中使用的各种视觉元素；通过对常规道具、常规尺寸的描述使读者了解详细的控制数据；进一步将商业展会中其他可能使用到的功能性道具进行了陈述。

【关键词汇】

道具尺度　照明系统　空间尺度

7.1 构成展示空间的重要视觉元素

1)按展示道具结构形式分类

展示道具如果按结构形式分类,可以分为完整不可拆装式、折叠式、单体组合式、零部件拆装式、插接式、套装式、整体伸缩式和特种专用式这8类。

(1)完整不可拆装式展具

所有完整不可拆装式展具都是不能改变结构和形态的,如果不再使用,就只能搁置在一边,或拆散了用这些材料再制作成其他类别的展具,也有将装配部件制成不可拆装式的。

(2)折叠式展具

使用铰链(合页)或其他结构件,能使折叠式展具在不用时改变形态、缩小体量,以便于在储存、运输时节省空间,例如折叠式展架、折叠式展台等。

(3)单体组合式展具

先设计出一至多种单体展具,然后用这些单体展具(两种以上,或只用一种单体多个)组合拼连或摞叠,构成形态和尺度上富有变化的新展具。例如,用直角等腰三角形的展台(展台可以有两种高度)拼连组合成正方形展台、梯形展台、四瓣花形展台和其他形状的展台。再如用梯形展台拼组成六边形展台、蜂房式展台,又可立起来摞叠成品字形、山字形展台。用半圆形的单体展台可以拼组成圆形、四瓣花形、品字形展台。这类展具在展览会、博物馆陈列和橱窗布置中应用很广泛。

(4)零部件拆装式展具

从20世纪20年代以来,出现了大量由零部件构成、可以拆散再组装的展具,它们可分为两大类:一类是由连接件和管(杆)件搭配组成的,另一类是由连接件和板件或网板拼组而成的。属于前一类的拆装式展具有四棱柱展架、八棱柱展架(K8系统)、球节展架、三维节展架、二至六通插接式展架、三叉合抱式展架、三通插接系统、插接式桁架系统等;属于后一类的拆装式展有两片瓦夹接件、八向卡盘、书册式夹接系统、夹接式合页轴、网板组合格架、玻璃板插接系统等。

(5)插接式展具

插接式展具是由各种规格的板式构件,在一定部位裁出开口,然后进行插接拼组,构成展台、格架、屏风、花槽、指示标牌等各种不同用途的展示道具。用后拆开,将板件摞叠储藏,下次还可以再利用,也有管(杆)件插接式展具。

(6)套装式展具

套装式展具是借鉴我国传统家具中的套几、套桌、套凳等结构形式,制成从小到大尺寸不同的方墩(一系列的五面体),或制成大小规格不同的几形台,同时大小、高差有变化,组合形式活泼;不用时将小件依次收入大件之中,所占空间只是最大方台或几形台的体量,充分利用了展具的内空间,少占用储存和运输空间。

(7)整体伸缩式展具

整体伸缩式展具的各部位由活动关节(连接件)连接,可折叠收拢,用时一拉就成屏壁骨架或连列式格架,不用时一收就成集束的杆(管)件,例如"一拉得"展架Ⅰ型和Ⅱ型就属于这一类非常便捷的整体伸缩式展具,还有用管件和链条形连接件组成的卷帘,可作为曲面的展墙(隔断)用的,不用时可卷成卷收藏,很好用。

(8)特种专用式展具

特种专用式展具是在博物馆陈列中和某种展品制作的专用展具,不适合其他展品。这类展具虽为数不多,但却是不可或缺的。

2)按功能分类的展具及其常规尺度

展示道具可分为如下18类:展板、展台、展架、花槽、展柜、单位标牌、展品标牌、方向指示标牌、护栏、人形模特、照明器具、小型陈列架、沙盘与模型、视听设备、接待台、会展家具、零配件和装饰器物。下面对其中一部分进行介绍:

(1)展板

展板主要用于张贴平面展品(照片、图表、图纸、文字和绘画作品等),根据需要也可以钉挂立体展品(实物、模型和主体装饰物)(见图7.1、图7.2和图7.3)。展板的尺寸规格分3类:一类是小型展板,二维尺寸有600 mm×900 mm、900 mm×1 200 mm、600 mm×600 mm、600 mm×900 mm等,厚15~25 mm;第二类是大型展板,二维尺寸有900 mm×1 800 mm、600mm×1 800 mm、1 200 mm×2 400 mm、1 800 mm×1 800 mm、2 400 mm ×2 400 mm

等规格，厚 40 ~ 50 mm；第三类是与拆装式展架配套的展板，二维尺寸有 960 mm×2 260 mm、960 mm×240 mm 等规格，厚 16 mm。

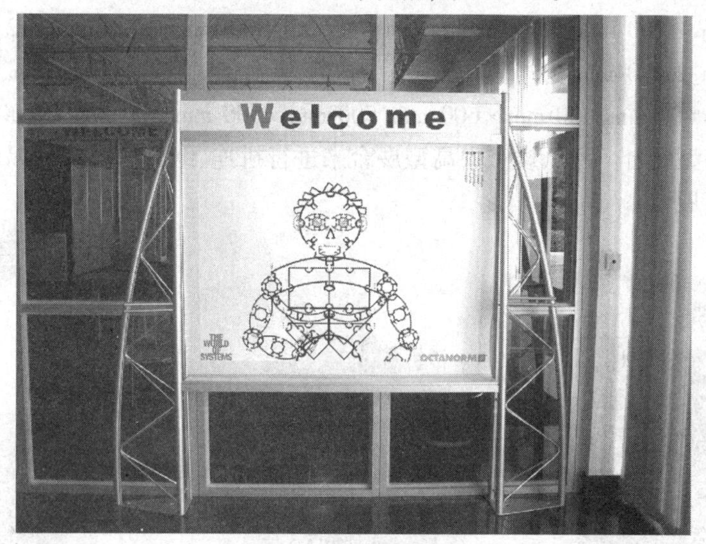

图 7.1 展架的模块系列

图 7.1：此种展板用于入口处的图文信息的发布，体量适合于小型展会，也可以根据客户的要求定做。

图 7.2 国际标准展位展架（3 m×3 m）

图 7.3 配有灯光系统的可拆卸的展架

(2)展台

展台从高度上分高、中、低 3 类，低的高度有 80 mm、100 mm、120 mm、150 mm、200 mm、250 mm、300 mm、400 mm 等几种；高中展台高度有 600 mm、800 mm、1 000 mm 和 1 200 mm 几种（见图 7.4、图 7.5 和图 7.6）。高展台高度

在 1 400 mm 以上,最高的可达 2.8 m。从展台形状来看,有方形、长方形、三角形、圆形、五角形、六角形、菱形、椭圆形等多种,常用的平面尺寸为 1 200 mm × 1 200 mm、1 200 mm ×1 800 mm、900 mm ×1 800 mm、1 200 mm ×2 400 mm、1 500 mm、2 400 mm,以上为低矮或中高型展台;300 mm × 300 mm、300 mm、400 mm ×400 mm、400 mm ×600 mm、500 mm ×500 mm、500 mm ×1 000 mm,以上为中高型展台。用低矮和中高型展台来进行拼连、组合、摞叠,可以组成尺寸巨大的高展台。

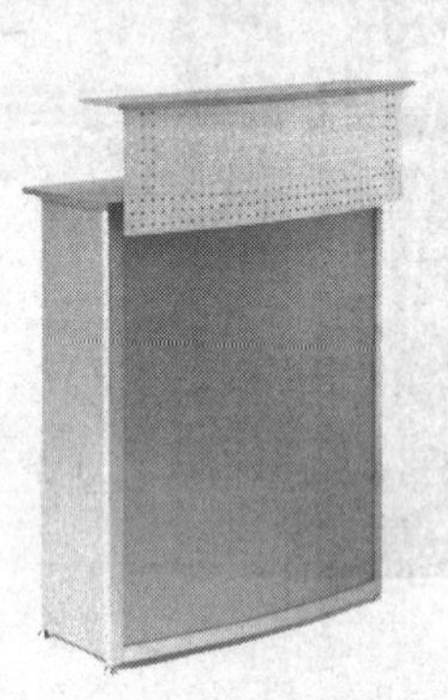

图 7.4 多功能展台

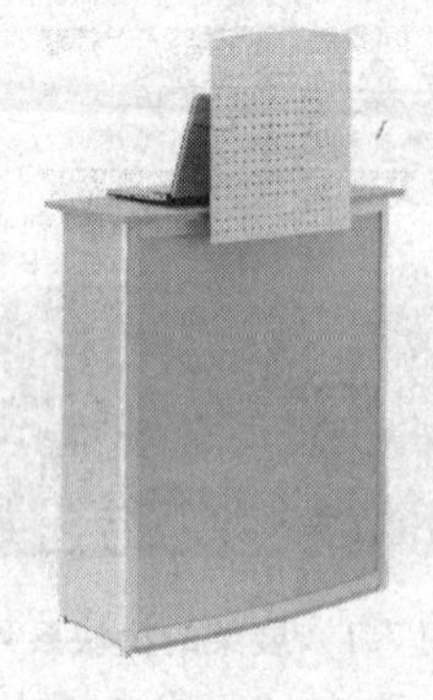

图 7.5 多功能展台

图 7.6 多功能展台

图 7.4、图 7.5、图 7.6:这是一套多功能展台系统,具备接待、演示和展示功能。

(3)展架

过去传统的不可拆装式展架这里就不谈了,只简要地介绍一下现代常用的几种拆装式展架(见图 7.7 至图 7.13)。一是八棱柱展架,它是由铝合金八棱柱和铝匾件横杆(两端内装锁件)搭配,可组装展架,八棱柱长度为 2 480 mm,加展板可作为展墙或隔断,上加楣板可展示参展单位的名称,也可由短八棱柱加铝匾件和镶板组成花槽;二是球节展架,铝合金球节(ϕ50)上有 26 个螺眼,四面带槽的铝合金管两端有可旋转带套筒的螺杆,使之与球节螺孔配合,构成展架,管槽中可镶装玻璃板或人造展板;三是三维节扣接式展架,三维节是个塑料立方体框架,薄壁铝合金管两端的塑料扣手可扣接在三维节任何一个框柱上,由此组成展架,利用几个三维节可以夹挂展板;四是"一拉得"展架,它分为Ⅰ型和Ⅱ型,展开后形成 600 mm 见方、上下 3 个单元、左右 4 个单元的展架,Ⅰ型可挂布帘(上可裱文字、图表),Ⅱ型可加横格板,也可吊挂图片展板。其他类型展架还有许多,例如胸腔支架,是陈列服装用的,可用纸浆、纸板、塑料、聚氨酯和金属制造,或者用铁木结合。

(4)屏风

展览中用的屏风,从结构上讲分整体式和拆装式两类,高度在 2 600 ~ 3 500 mm;长度为 3 500 ~7 000 mm;宽度 400 ~1 200 mm,这是作为前言屏风或隔断屏风用的。假如用屏风组合成展墙的话,每个单元的展板长度应控制在 1 800 mm以内,可以是 1 200 mm 或 1 500 mm。展板的下部可设高600 mm 的展台,其下设脚轮,以方便移动,一般用于美术馆或画廊中的展板(总高在 1 900 ~ 2 400 mm 之间)。

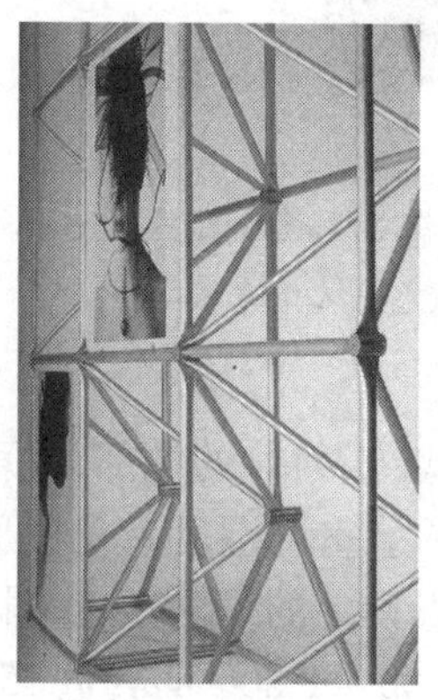

图 7.7 可变式空间框架系统

图 7.8 可变式空间框架系统

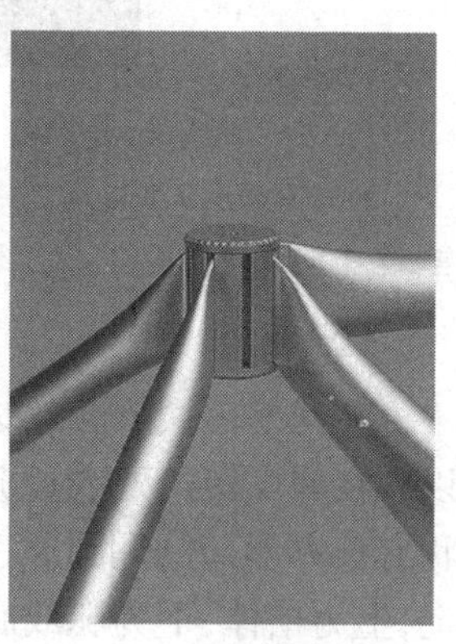

图 7.9 可变式空间框架系统

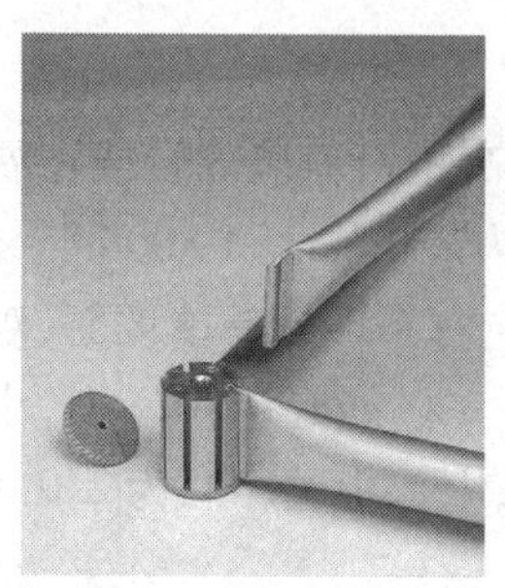

图 7.10 可变式空间框架系统

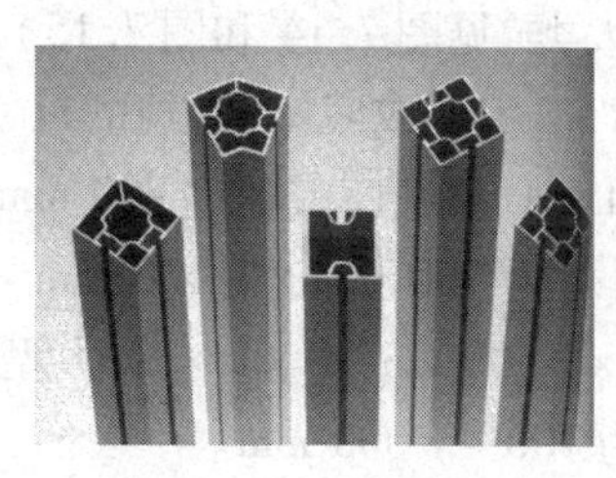

图 7.11 展架组件

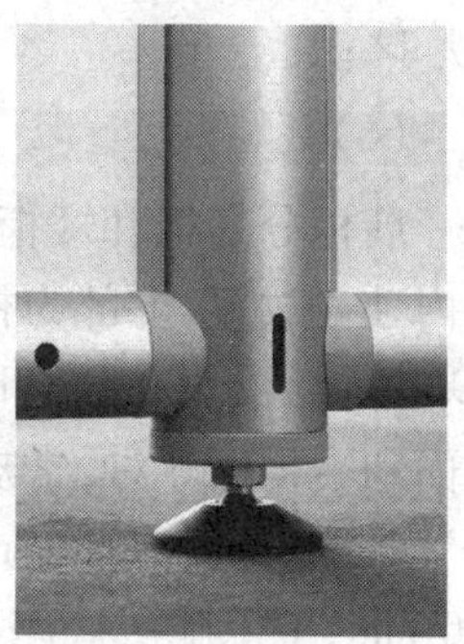

图 7.12 展架组件

图 7.13　展架示样

图 7.7 至图 7.13:这是一系列德国奥克坦姆公司的展架,充满了现代设计的风格和语言,这些设计均采用模块化设计的方法,具有实用、便于拆卸和运输、环保等特点。

(5)花槽

在花槽内摆放花或绿叶植物,放在屏风前,或放在短墙(隔断)的端部,也可以放在展厅转角处或过渡空间里,能使观众心情愉快、调节室内湿度。花槽形状有长方形、方形、圆形、三角形、菱形等多种,可以满足设计上的需求。在结构上,上为槽体,下为腿或底座。长方形花槽尺寸为:长 1 200 ~ 1 800 mm;宽 350 ~ 400 mm;高 420 ~ 450 mm。方形的花槽常用平面尺寸是 1 000 mm、1 200 mm 见方,高度为 420 ~ 450 mm。圆形花槽 φ800 mm、φ1 000 mm 和φ1 200 mm,高度为 450 mm 左右。制作花槽的用材有木材、塑料、铁与木等,塑料花槽应用也很广泛。

(6)展柜

展柜分高柜和矮柜两大类(见图 7.14 和图 7.15)。高柜可靠墙放置或在展厅内独立放置,上部为柜膛,下为腿或底座,常规的尺寸为 700 mm × 1 800 mm × 1 900 mm ~ 2 200 mm(B × L × H),底座或腿高 800 mm 左右。矮柜有单坡面、双坡面和平顶面 3 种,常规尺寸为 700 mm × 1 400 mm × 1 300 mm(B × L × H,小型)、1 300 mm × 1 800 mm × 1 500 mm(B × L × H,大型),上部柜膛净高为 250 ~ 400 mm,下部腿或底座高为 700 ~ 1 000 mm。

图 7.14 展柜示样

图 7.15 展柜示样

(7)单位标牌

单位标牌是用来标明参展单位(公司、企业、省市、国家等)所在位置的(见图7.16和图 7.17)。大型的单位标牌可以由展架和大块展板构成,尺寸可以与展墙同高(高度2 400 mm 或2 800 mm)或者是超大的,以便使之明显、突出。小型的单位标牌尺寸为400 mm ×600 mm、900 mm×1 200 mm,放在摊位楣板上方,或吊挂在高空(走道上方),还可以从楣板处伸向走道上方,也可以充分利用楣板,将参展单位的名称和标志贴在楣板的正中央或者偏一侧的地方,将单位标牌固定在横跨走道的过梁或券架上,也是常有的。

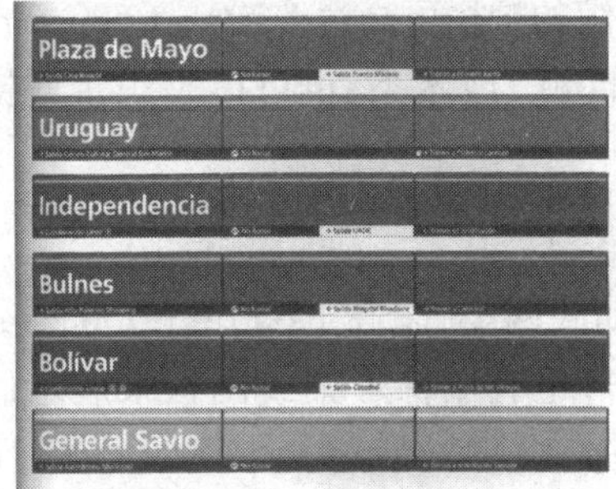

图 7.16 单位标牌示样

图 7.17 单位标牌示样

(8)展品标牌

大件展品(如铲车、载重汽车、轿车、机床等)使用较大的标牌做说明:二维尺寸 250 mm×(400~900) mm 和(1 200~1 500) mm×2 800 mm。小件展品(书籍、文具、陶瓷器、美术作品、衣服等)要使用较小的标牌或标签,二维尺寸 50 mm×(70~90) mm 和(120~250) mm×380 mm。

(9)方向指示标牌

无论在户外还是在室内,指示参观行进方向的标牌都是必不可少的。制作方向指示标牌的用材多为木材或金属、塑料,或者铁木结合(见图 7.18)。从结构形式上看有整体式和拆装式两大类。在设置上根据情况,既可以是埋底固定式,也可以是能改变的移动式。可移动式方向指示标牌,在室内摆放要求稳定、不怕碰撞;在户外要求抗风和耐气候性强。在尺度上,方向指示标牌的高度多为 1 200~1 700 mm(户外的可以矮一些);写字和画箭头的标牌为 300 mm×500 mm(小型)、400 mm×600 mm(大型)。标牌下有 1~2 根立柱支撑,也可以是板式直接落地,板安装在展架上,或者板后有支架。在日常应用中,也可以将方向指示标牌与花槽两者相结合:下部为花槽(方形、矩形、圆形均可),从花槽向上伸出 1~2 根立柱,承托着方向指示标牌。这样不仅可以确保方向指示标牌的稳定、抗风,又可以使环境得到绿化、美化。

图 7.18　方向指示标牌示样

(10)护栏

围护栏柱一般高 700~900 mm,个别在博物馆的护栏可高达 1 200~1 500 mm。护栏最好使用可拆装式的,横向构件可以是管(杆)或木条,也可以是织带或链条、绳索。

(11)人形模特

用来展示服装的人形模特分固定式和活动式两类,总高 1 650~1 750 mm。多用聚氨酯、纸浆、塑料、金属丝或藤条竹制作,也有用梯形架或网板来展示服装,还有平板人形架和关节可活动的人形模特。

(12)小型陈列架

小型陈列架是指在展柜或橱窗中用来展示小件展品(项链、帽子、鞋子、内衣、首饰等)的小道具(支架、台座等),可用塑料、金属或纸板、木材等制造,尺度一般都不太大(见图7.19、图7.20和图7.21)。

图7.19 小型陈列架示样

图7.20 小型陈列架示样

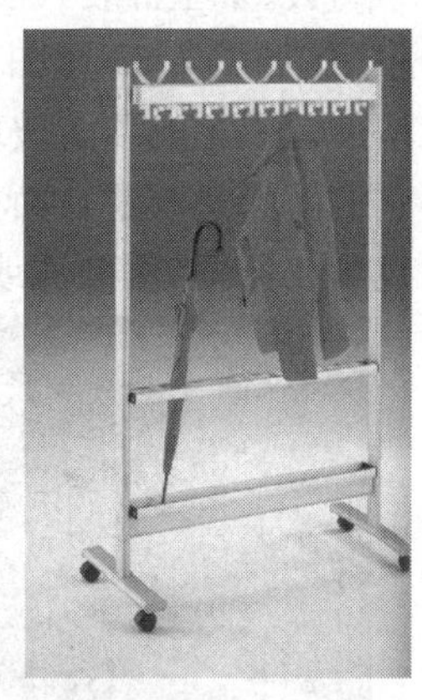

图7.21 小型陈列架示样

(13)沙盘与模型

在展示当中,沙盘、模型没有固定统一的尺寸,而是根据实际需要来确定其尺寸的大小,小的可能只占不到1 m^2 的面积,而大的沙盘可能占地600~800 m^2 乃至更大。大的建筑模型采用1:10或1:15的比例,小的则采用1:100、1:200或1:500的比例。北京世界公园和深圳的锦绣中华,建筑比例都是大的。

(14)视听设备

在现代的展示活动中,采用多媒体、组合录像(电视墙)、电视片和音箱等设备,会让观众看到更多的东西,更有身临其境的感受(见图7.22)。当然,这些设施用得太多也不好。

图7.22 采用视听设备的展出示样

(15)零配件

与大、中型拆装式展架配套使用的零部件,虽然尺度很小,但却是不可缺少的东西(见图7.23至图7.28)。例如与八棱柱展架配套的金属托角,没有它就无法放置展柜的顶盖玻璃;又如与二至六通插接式展架配套的托角和夹件,没有它们就无法放置台面板和吊挂垂直向的小展板;矮展柜上连接3个方向玻璃的包角或托角(用金属或有机玻璃制造),没有它们就无法固定玻璃板。

图7.23 零配件示样

图7.24 零配件示样

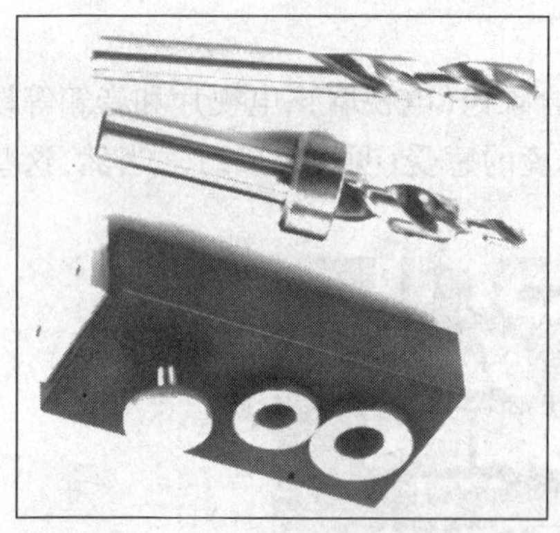

图7.25 零配件示样

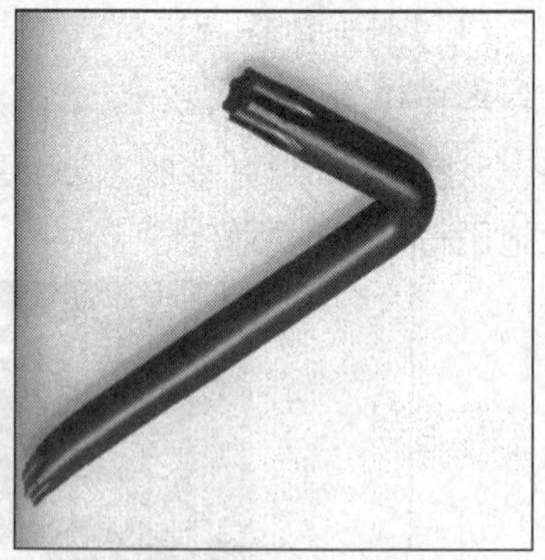

图7.26 零配件示样

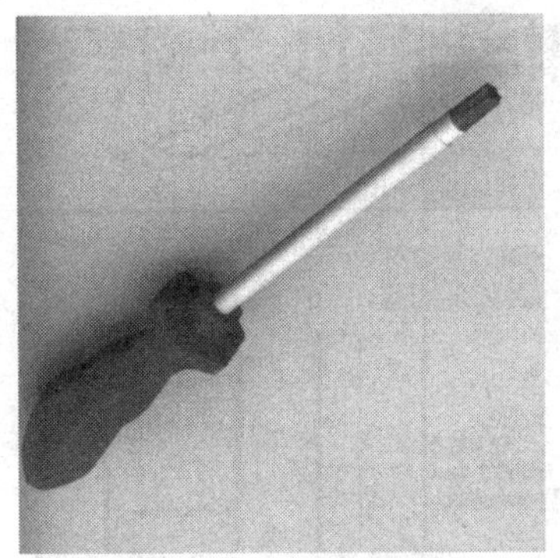

图 7.27 零配件示样

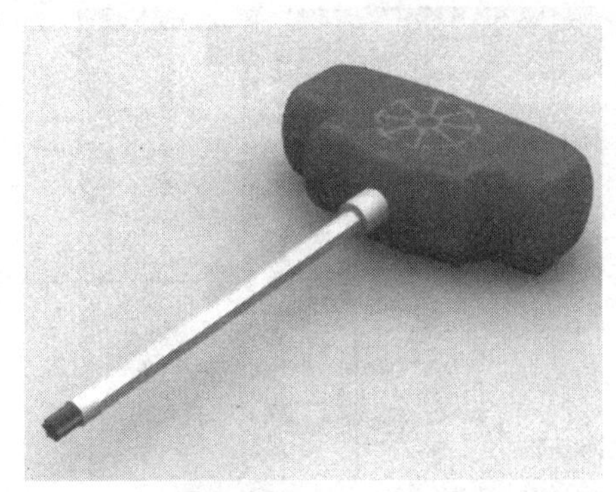

图 7.28 零配件示样

(16)装饰器物

凡是能增强展示气氛和效果的用品,如风灯、宫灯、绣球与彩带、折纸拉花、西洋花瓶、路标、红绿灯杆、标志旗与刀旗、会徽与图案、圆雕与浮雕、兽鸟鱼雕、心形、屋顶框架、花草等,根据情况选用,都能给展示会增添光彩。

(17)会展家具

①接待台与座椅。展会中的接待台尺寸没有统一的规定,多半是长条形平面(宽 400 ~ 500 mm,长 1 200 ~ 1 600 mm,高 780 ~ 900 mm,配座椅);高型接待台像酒吧台(高 1 100 mm),配高腿座椅。座椅常用日常的折叠椅,也有用座凳的。

②资料台。放观众自取样本和说明书的资料台,高度多半为 780 ~ 800 mm,也有 900 ~ 1 000 mm 高的。资料台的平面形状有方、长方、圆、六角、八角等多种,尺寸有 500 mm × 500 mm、400 mm × 600 mm、400 mm × 900 mm、450 mm × 1 200 mm和 500 mm、600 mm 等。资料除放在台面上之外,也可以垂直悬挂在台子的壁面上(例如六角形和八角形资料台)。当然,也有把资料摆在格架上面,让观众自取的形式。

③休息用家具。在展会、博物馆的休息室或休息角落里,一定要用到长沙发、单件沙发、靠背椅或扶手椅、凳子、茶几或角台,还可能用到花几、饮水机、加湿器和空调器等(见图 7.29 和图 7.30)。这些家具和电器应该准备,而且应有专人管理、维护和清洁。

图7.29　休息用家具示样

图7.30　休息用家具示样

7.2　照明系统

照明设计是博物馆陈列设计、展览会摊位设计、画廊展览设计和橱窗设计中的关键问题之一。尽管许多展示设计在平面布局、立面形态、色彩搭配、装饰选用和道具样式等方面都很好，但由于忽视照明设计，或者在照明设计中存在诸多问题，导致展示设计失败或者造成较大的遗憾。所以，在一切空间环境设计和展品陈列方面，必须重视照明设计问题，它就像舞台美术设计中的合理用光那样重要。

若展示设计师和环艺设计师想要精通照明设计，必须具备光电知识和照明设计方面的知识，了解照明用电、安全防火方面的有关规定，了解或掌握照明计算方法，熟悉各种光源、照明类型和照明方式，了解灯具构造和安装方法等。为此，下面将分别对照明设计的有关问题加以论述。

7.2.1　常用的光学与照明术语

1）光与光波

光具有“波粒二重性”的特点，也就是说，光也是一种电磁波，以波动形式传播；同时光又是粒子雾，以粒子束形式传播。可见光的波长范围从380 nm到780 nm（$1\ \text{nm}=10^{-9}\ \text{m}$），它是一种客观存在的能量。人眼看不到波长大于

780 nm的红外线、无线电波，以及波长短于380 nm的紫外线、X射线及γ射线等电磁波。

2)光通量与流明

人眼对光的感觉量的光通量，用Φ来表示，计算式为

$$\Phi(\lambda) = P(\lambda)V(\lambda)K_m$$

式中$\Phi(\lambda)$是波长为λ的光通量，单位是流明lm；$P(\lambda)$是波长为λ的辐射通量(辐射源在单位时间内发出的能量，单位W；$V(\lambda)$是波长为λ的光谱光效率；K_m最大光谱光效率。通俗地说，光通量是光源所有的光输出量，其基本单位是流明(Lumen，缩写为lm)。

3)发光强度

光源在某一方向的单位立体角内均匀地发出的光通量叫发光强度，单位是坎德拉(Candela，简称cd，也叫"烛光")。

$$1\ \text{cd} = \frac{1\ \text{lm}}{1\ \text{sr}}$$

4)照明

照明表示被照面上的光通量的密度，表示符号为E，单位是勒克斯(Lux，简称为lx)。光源距离被照面1 m，被照面的面积为1 m^2，能得到1 lm的光通量，就是1 lx的照度。照度与发光强度成正比，与被照面和光源之间的距离成反比。

$$1\ \text{lx} = \frac{1\ \text{lm}}{1\ \text{m}^2}$$

5)亮度

发光体(光源)在视线方向单位面积上的发光强度叫亮度，它与发光强度成正比，与被照面积成反比。

6)眩光

在视野内出现亮度极高的物体或过大的亮度对比时，会引起人们眼睛的不舒适或视度下降，这种现象被称为眩光。眩光是影响光质量的主要因素，对视觉有危害性。眩光分为"直接眩光"和"间接眩光"。直接眩光又分为"失能眩光"和"不舒适眩光"。失能眩光会降低物体和背景之间的亮度对比，导致人眼视度下降，甚至暂时丧失视力；不舒适眩光虽然不会明显地降低视度，但会使人

感到不舒服,影响注意力的集中,长时间会导致人眼的疲劳。间接眩光也叫“第二次反射”,例如展柜里的亮低度,使玻璃表面出现映像,会导致观众看不清柜内的展品。所以在展示照明设计中要尽量避免眩光。

7) 反光材料与反光系数

光经过反射后在空间内的分布与方向取决于材料表面的光洁程度及材料内部的结构形式。由材料产生的光反射有两种——定向反射和扩散反射。光线经过材料表面吸收、减弱后,实际能反射出来的光通量是原有光源能量的百分数,就是反光系数。

8) 透光材料与透光系数

透射后的光线在空间中的分布状况也分两种,因此透光材料分为定向透光材料和扩散透光材料。透射后光通量损耗小的,透光系数高;反之,透光系数低。

9) 工作面

根据国际电工委员会的规定,在距地面 750 mm 的水平面上,要求照度和亮度达到一定的标准,以确保人们在这个工作面上能舒适地从事书写、阅读、制作加工或观览等项,并且不伤害人们的眼睛。一般展柜里放置的立体展品,其高度都在 750 mm 以上,高展台和展架、展板其上的展品(立体的或平面的)大部分也在 750 mm 的高度以上。

10) 发光效率

发光效率是指光源每消耗 1 W 电能所发射出来的光通量的数值,不同光源的发光效率是不同的。例如白炽灯的最高发光效率为 20 lm/W,荧光灯的发光效率一般是 60 lm/W(有的能达到 104 lm/W)。

11) 色温

人们对灯光的颜色有温度感,这就是光源的色温。色温在 5 300 K 以上的是冷色型光源,日光色荧光灯、荧光高压汞灯、金属卤化物灯和氙灯都属于冷色型光源。色温在 3 300 ~5 300 K 之间的为中间色型光源,像冷白色荧光灯和部分金属卤化物灯就是中间色型光源。色温在 3 300 K 以下的暖色型光源,白炽灯、卤钨灯、暖白色荧光灯、高压钠灯等都是暖色型光源。

12)光源的显色性与显色指数

光源的光对物体固有颜色呈现的真实程度称为显色性。标准光源(天然光)的显色指数为 Ra = 100,物体在某种光源的照射下,当 Ra≥80 时,显色性为优良;Ra 在 79 ~ 50 之间时,显色性为一般;Ra < 50 时,显色性为差。展示用光源的显色性应为优良,即 Ra≥80。

7.2.2 常用的光源品种

自 19 世纪后期出现了第一代电光源(白炽灯)之后,陆续出现了许多新型的光源和发光技术,为人类生活、工作、学习、教育、观赏与社交等活动提供了许多便利条件。下面简单地介绍一下各种光源。

1)热辐射光源

白炽灯是第一代光源,它是使电流通过灯丝将灯丝加热到白炽状态,从而发出可见光的。卤钨灯也属于热辐射光源。这类光源的发光效率比较低(每瓦只发出 6.5 ~ 20.0 lm 的光通量),光色偏黄,工作中产生的热量很高,比较费电,寿命也比较短。虽然在不断改进,但仍存在上述缺点。白炽灯适用于家居、旅馆、饭店,还可用作艺术照明和信号照明;高色温的白炽灯可用于舞台与电视照明、电影放映和摄影等。由于白炽灯产生高温,因此不可将其靠近易燃物。

由于卤钨灯的内部充以卤族元素,克服了白炽灯泡易黑化的现象,减少了光通量的损失,使光源寿命有所加长(是白炽灯的 1.5 ~ 2.0 倍),发光效率也提高到 40 lm/W,光色与显色性也都有所改善。其中溴钨灯的性能比较好。由于卤钨灯会产生 6 000 ℃的高温,所以要远离易燃物。

卤钨灯一般分为管形卤钨灯(分单端和双端)、PAR 灯和 MR 型卤钨灯 3 种。双端管形卤钨灯可用于展示空间的泛灯照明和一般照明。单端管形卤钨灯可用于橱窗或展示照明等需要控制光束的场合。单端和双端卤钨灯都可以采用红外反射膜来提高发光效率。由于使用了红外反射膜使卤钨灯的发光效率提高了 15% ~ 20%。

PAR 灯(parabolic aluminized reflector)的字面意思是“抛物线镀铝反射灯”。卤钨 PAR 灯的效率比普通 PAR 灯的效率高,可节约电能 40% 左右。这种灯可广泛用于橱窗、展厅等处的照明。

MR 型卤钨灯的全称是“冷反射定向照明卤钨灯”,也叫“冷光灯”。它是低电压型的(一般为 12 V)灯具,由灯泡和反射镜封在一起构成。它的抛物面是由玻璃压制而成的,内表面涂了很多层介质膜,这些介质膜能发射可见光,透射红外光。因此,可见光被反射到需要照明的物体上,而所发射的红外线绝大部分被反射镜滤掉了。所以,在被照物体的表面上几乎没有红外线辐射,因此 MR 型卤钨灯的俗称是“冷光束卤钨灯”。一般照明用的卤钨灯的色温为 2 800 ~ 3 200 K,与普通白炽灯相比,光色更白一些,色调也稍冷一点。卤钨灯的显色性非常好,一般显色指数可以达到 100。对卤钨灯也能进行调光,但应注意,当灯的功率下调到某一数值时,由于灯泡外壳温度下降得太多,卤钨循环不能进行,于是卤钨灯就变成了普通白炽灯。这时,由于灯泡外壳太小,容易发黑;另外,游离的卤素要腐蚀灯的内导丝。因此,一般情况下最好不要对卤钨灯进行过分调光。

2)气体放电照明光源

这类光源的发光原理是利用某些元素的原子被电子激发而产生可见光。荧光灯、荧光高压汞灯、高压钠灯、金属卤化物灯、氙灯、霓虹灯和泛光灯等,都是充气放电光源。

(1)荧光灯

荧光灯是低压汞放电灯,管的两端有电极,管内充有低压汞蒸气和少量氩气,管内壁涂荧光粉层。通电后,电极产生电子,在电场作用下,电子高速冲击汞原子,产生紫外线,紫外线刺激荧光粉层发出可见光。荧光粉的成分决定了荧光灯的颜色与发光灯的色温为 2 900 K。高显色型荧光灯的显色指数在 90 以上。普通荧光灯的平均发光效率为 45 ~ 100 lm/W。日光色荧光灯的光色接近自然光,适合用在展厅、博物馆、橱窗、教室、绘图室、图书阅览室和办公室等场所。

荧光灯在 1938 年发明于法国,后来经过种种改良至今,不断引入新的技术,取得了极其显著的进展。除了常见的直管形、环型荧光灯以外,灯泡形和 U 字形的荧光灯,也就是俗称的紧凑型荧光灯或者节能灯也得到了普及应用。另外,从功能上来说,适合各种用途的荧光灯也正在不断地得到开发利用。

荧光灯的优点比较多,归纳起来有如下几点:发光效率高;使用寿命长,价格比较便宜;亮度比较低,产生的眩光比较少;可以制作成各个刮光色;灯管表面的温度比较低;可以瞬时启动点亮;可以连续调光。当然,有些荧光灯还在一些缺点,比如:需要镇流器;灯管的尺寸偏大;不容易生产高瓦数的荧光灯;使用时容易受周围环境温度和风力的影响;光的控制比较难等。

荧光灯按形状可以分为直管形、环形以及紧凑型。在描述直管形荧光灯的尺寸时,常用“T”来表示灯管的直径:1 T = 1/8 in(1 in = 25.4 mm)。经过换算,

1个"T"就等于"3.175 mm"。类似规格有T5(15 mm)、T8(25 mm)、T10(32 mm)、T12(38 mm)。

一般照明用荧光灯根据光色主要分为4种:暖白色、白色、冷白色和日光色。

一般照明用荧光灯按显色性可分为一般显色型和高显色型。虽然高显色型荧光灯的光能分布于整个可视波长域,基本上真实地再现了被照物体本来的颜色。但是,从发光效率来讲却不一定比一般显色型荧光灯的高。近来,普遍使用并受到关注的三基色荧光灯,就是集中体现了蓝、绿、红波长域的光能特性,从而在提高显色性能的同时,也不降低荧光灯的发光效率。

(2)荧光高压汞灯

荧光高压汞灯的发光原理基本与荧光灯相同。它启动时间长,接在交流电源上有频闪,不宜接在电压波动较大的供电线路上。光色为蓝绿色,显色性差。发光效率为50~60 lm/W。寿命为5 000小时,工作时产生的热量高,需要解决通风散热问题。荧光高压汞灯多用于体育场馆、工厂和道路照明。光源品种分照明用荧光高压汞灯和非照明用荧光高压汞灯两大类。照明用的除了一般荧光高压汞灯,还有反射型荧光高压汞灯和自镇流荧光高压汞灯。

(3)高压钠灯

高压钠灯的光色是黄色,光线很柔和,而且发光率很高,一般为100~120 lm/W,节电、寿命长。高压钠灯启动快,透雾性能强,多用于广场、道路、港口和车站的户外照明,也用于体育场馆、工厂的室内(混光型)照明。金属卤化物灯金属卤化物灯的构造和发光原理与荧光高压汞灯类似,其内管充惰性气体、汞蒸气和卤化物,玻壳与内管之间充氮气或惰性气体,金属卤化物的原子被电子激发后发出近似于天然光的可见光。其发光效率为65~106 lm/W,体积小、功率大、光色好,但启动时间长、寿命较短。金属卤化物有锡、钠、铊、铟、钍、镝、钍等与碘或溴的化合物质,这种灯属于弧光灯。它不仅用于室外,也可用于美术馆、展览馆、饭店和摄影场的室内照明。

(4)氙灯

氙灯是惰性气体放电弧光灯,按电弧的长短可分为长弧氙灯和短弧氙灯。它们的功率都比较大,光色接近日光。长弧氙灯被称为"人造小太阳",短弧氙灯的显色性好,被称为"标准白色高亮度光源"。氙灯的平均寿命是1 000小时,发光效率为22~50 lm/W。氙灯适合用做大面积场所的照明,例如广场、机场、港口、车站等户外照明。氙灯的紫外线辐射较多,所以人眼不可直视灯管,用做一般照明时,要加装滤光玻璃,而且悬挂高度要高。氙灯的品种按工作气压分为脉冲氙灯、长弧氙灯和短弧氙灯 3 类。长弧氙灯的最小功率为1 500 W，最大功率为 20 000 W；短弧氙灯的最小功率为 500 W，最大功率为 5 000 W。

(5)霓虹灯

霓虹灯是辉光放电灯，它由电极、引入线和灯管组成，将灯管抽成真空后再充入少量惰性气体(氩、氦、氙)或汞，在管内壁涂某种颜色的荧光粉或透明颜色，以使霓虹灯能发出各种颜色的光。可以根据需要将玻璃管弯成某种图形或文字，用做广告装饰或指示照明。在电路中接入某些控制装置，可使图文循环变化或者自动闪烁，以吸引人的视线，制造动态的气氛。霓虹灯是高电压、小电流的灯具，一般由漏磁式变压器专门供电，技术要求高，须由专业电工安装。玻璃霓虹灯管易被冰雹打破，温差变化大会使霓虹灯的寿命缩短。现在的塑料霓虹灯管不受外界温度变化的影响，不怕冰雹冲击，安装方便(已不是高压电，将每段插接起来，用卡子或胶固定到墙或壁板上即可)。

3)光导纤维照明光源

光导纤维照明光源简称“光纤灯”，是以一种特殊的高纯度树脂(聚甲基丙烯酸甲酯，英文缩写为 PMMA)作为芯体材料的照明光源。光纤的外包层是采用高强度、高透明和阻燃能力强的特殊氟树脂制成的，能够有效地保证光纤在正常工作中不会出现断裂、变形等质量问题。外包层材料的折射率低，而芯体材料的折射率高，因此能够有效地减少光线的损耗。光纤灯的最主要的部件是发光装置，发出的光通过光导纤维传导。光线在光导纤维中的整个传输工程中，依次全反射到终端，也就是说光线在两种材料的分界面上能够进行全反射。从而使光导纤维能够改变光直线传输的物理特性，将光线按我们的需要和设计引导到期望的位置。光纤有两种，一种是端部发光，另一种是侧面发光。所以可制成不同的光源产品，以适应不同的需要。

光导纤维传输光线具有损耗少，易于维护，发光部位不发热、不带电，无紫外线和红外线等特性。还可以根据需要改变光源输出的方式、光线的亮度以及光线的色彩。

光导纤维的使用寿命长，在室外的环境中也可以使用 10 年，从而避免了日后烦琐的维护工作。光导纤维易于保养，只需用柔软的湿布擦拭发光部位即可。

(1)光纤吊顶

光纤吊顶是一种新潮的高档天花板装饰，这种吊顶的可塑性很强，具有非常广阔的设计应用空间。

(2)立体字光晕背景

立体字光晕背景是广告招牌常用的手法,用光纤灯做立体字背景光可以多彩变化,且具有色泽柔和均匀、免维护等优点,这是传统流行的霓虹灯无法具备的。

(3)光纤星空

光纤星空是基于展示基本照明系统的补充照明,它使整个环境显得雍容华贵、精美典雅,营造出愉快、轻松、浪漫和高雅的气氛。在展览室以及难以攀登的高顶上,光纤星空既是一种辅助照明,又有强烈的装饰效果。

4)电致照明光源

电致照明光源分为 EL(electroluminescent lamp,场致发光)和 LED(light emitting diode,发光二极管)两类。

(1)EL

EL 的发光原理是:在经过化学处理的铁板表面贴上导电薄膜,再涂上一定厚度的荧光粉层,在其外罩上白色透明有机玻璃或乳白玻璃,接上交流电,电场产生的电子刺激荧光粉发出可见光。通过调节电压的高低可以控制亮度的高低。使用这种发光技术可以做出大面积的发光顶棚、发光墙面和发光地面,比传统的发光棚更简便、安全、省电和整洁。

(2)LED

LED 又称固体发光(solid state lighting,缩写为 SSL)。作为各种家电产品的指示用光源已被广泛使用。近些年来,它作为照明用光源得到不断改进和广泛应用,特别是白色光 LED 灯,由于它的发光效率不断提高,使得它作为照明用光源备受人们关注。目前,LED 灯的颜色范围已从当初的单色光扩展到全部可见光谱,把电能转化成白色光的效率相当于最好的白炽灯或卤钨灯的效率,发光效率已达到 50 lm/W,分别是白炽灯的 3 倍和卤钨灯的 2 倍。

LED 是有 P 型半导体和 N 型半导体接合而成的薄片。P 型半导体的空穴过剩,N 型半导体的自由电子过剩,结果形成用于发光二极管的 P—N 结。然后在 P—N 结两端加上正向电压(也就是在 P 型端加正电压),这样空穴就流向 N 型材料,同时自由电子流向 P 型材料,在 P—N 结的接合面形成自由电子和空穴的直接复合。在这个复合过程中,能够引起光子发射,从而使半导体发光。

LED 按光色分类,有以前用来指示用的红色、橙色、黄色、绿色和蓝色等单色的灯,还有用多种颜色混色成为白色的 LED 灯。另外,还有用于传感器上的红外线 LED 灯。

LED 是将电能直接转换成光能的半导体组件,它有如下特性:

①体积小,便于装配组合。

②由于没有灯丝,又是固体化封装,所以耐震动。

③外观像炮弹的透明树脂本身就是一个聚光片,所以从窄光束到宽光束都可以制成配光。

④在低温的情况下,也可以使用。

⑤可以调光,所以可以组合成点亮和熄灭的闪烁效果。

⑥直流电源驱动,没有频闪,用于照明可以保护视力。另外,在 AC220 V 交流电下所构成的点灯回路比较简单,与荧光灯相比,灯具数量少。

⑦在直流低压下启动,响应速度快,安全性高。

⑧可见光谱区域内颜色全系列化,色温、色纯、显色性以及光指向性良好,便于照明应用组合。

⑨使用寿命长。

⑩不含汞,有利于环境保护。

5)激光

激光(light amplification by stimulated emission of radiation,缩写为:LASER)是通过特殊装置发出相干辐射、波长区间很窄、单色以及光束性极强(高密度平行光)的特殊光源。因此,激光广泛用于仪器测量、通信、加工、医疗和军事等领域。在仪器测量方面,人们甚至用激光技术测量了地球与月球之间的距离。

自 20 世纪 40 年代末激光在美国发明以来,发展很快,不仅有光导纤维技术用于展示和通信技术领域,而且半导体激光、光盘、光输出和条形码的读取等现在也已经普及应用。

激光可以创造奇异的视觉效果。各种不同的激光器能发出不同颜色的光,能在暗空间里映射出华美的图形或文字,并进行静态或动态的演示。在今后重大的展示会和博览会上,激光将会更多地用于光艺表演。

6)微波硫光光源

微波硫光光源是美国最早发明的光源。在玻璃灯泡内放置小型微波发生器,灯泡内壁涂硫磺粉层,微波刺激硫磺粉层,从而发出可见光。这种光源寿命长、光色好含紫外线很少,可以用做展示照明。

7）泛光光源

泛光光源是在20世纪60年代出现的彩色光装饰照明光源，发光原理是在充气放电光源内添加某种卤化物粉，使光源的光波保持在波段上，因此可发出不同颜色的彩色光。泛光光源可制成点状、线状和面状光源，用做装饰照明（照明重点建筑或营造某种氛围）时效果很好。

8）蓄光型自发光材料

20世纪90年代，我国自主开发出“蓄光型自发光材料”，用稀土元素激活碱土铝酸盐或硅酸盐，吸收自然光并可蓄存10多个小时，到了夜晚即可自动发光。此项高技术产品用于消防安全疏散指示、商业牌匾和广告以及环境装饰上，效果很好。因为它无放射性，不污染环境，所以具有广阔的应用前景。

9）由紫光灯衍生的装饰照明方式

由紫光灯衍生的装饰照明方式是由紫光灯照射后产生的特殊效果，分为以下两种。

（1）霓虹胶管装饰照明（flex neon）

霓虹胶管是一种$\Phi6 \sim 8$ mm的塑料软管，在内壁涂上某种配方的荧光粉层，然后弯曲成某种形状的图形或文字，用粘或钉的方式固定在墙、棚上，经紫光灯照射后，它就像霓虹灯管一样光彩夺目。这种装饰性照明可以应用在商业建筑、娱乐场所和展示空间的内外。这种霓红胶管以长度（m）论价。

（2）隐形荧光灯幻彩装饰画

隐形荧光幻彩装饰画在紫光灯（在普通照明光下看不见画上的颜色）下用7种隐形幻彩光颜料在规格化的拼版壁面上作画。可以用它画海底世界、太空奇景或者名山大川等景物。在自然光和普通人工光下，板壁上什么也没有，但只要打开靠近此板壁的顶棚上的紫光灯，墙上隐藏的色彩斑斓的装饰风景画就显现出来了。这种装饰性照明用在展示空间或者舞厅、会议室以及接待厅效果都很好。

7.2.3 展示空间照明的类别

除了观众很多的博物馆、画廊、展览馆外，商店、宾馆、饭店等大型公共空间，一般都需要以下7类照明。

1)基本照明

基本照明也叫"一般照明"或"整体照明",是展示空间或其他公共空间中应该有的基本照明系统,其功能是使人看清该空间里的室内设施和通道等,并且能够有效识别物象。基本照明多为安装在顶棚上的均匀排列的筒灯或下投光型射灯、成排的格栅灯或吊灯、发光顶棚以及成排的光梁或光带等,它用来满足最基本的视觉需求。

2)重点照明

在展示空间或其他公共空间里,需要突出重点展品或主要物象时,选用射灯或者高光效的灯具来照射,与其他只用基本照明的一般性展品或普通景物相比要醒目得多。

3)辅助照明

为了能更好的突出重点展品,使重点展品更富有立体感,往往要用辅助照明(辅助的侧后方的照明)与重点照明配合,使重点展品有反光区和阴影,从而凸现出来。重点照明与辅助照明的亮度比控制在3:1或5:3较好。

4)层次照明

在一个展区或一个橱窗里,要区分展品摆放的主次位置。在照明上也要分出层次,用不同类型、不同功率以及不同光色的光源分别照亮后排的展品;也可以用微带蓝光的灯照后排展品,而用白光(天然色光)照前排展品,使前排展品突出。

5)立体照明

为了使观众在视觉上感觉展厅宽大,同时也为了使物品的展示更有魅力,可以在展示空间中不同的方位以及不同的高度布设灯具(例如吊灯、灯筒、壁灯、台灯、地灯、灯柱和地下灯等),甚至在展台底下或展墙与展柜背后安装亮度不大的荧光灯或霓虹灯。这种照明效果也是很好的。

6)装饰照明

在展示空间中,除了大量的使用实用性照明照亮展品外,有时也采用一些装饰性照明来增加展示的魅力与情趣。例如用泛光灯和霓虹灯的彩色光创造某种情调或氛围,用霓虹胶管组成某种装饰图案,用光导纤维制成喜庆花篮,用紫光灯照亮隐形幻彩装饰画面,用虚拟现实技术生成某个场景等,都会取得很好的展示效果。

7)应急安全照明

应急安全照明也叫"应急照明"、"安全照明"或"事故照明"。当发生强烈地震或火灾时,供电局停止供电导致展厅或陈列室一片漆黑,所有观众与工作人员都需要安全撤离事故现场。如果展示场地备有安全照明系统,很容易做到人员安全撤离。否则必定造成重大的财产损失与人员伤亡。所以,一切公共场所(展览馆、博物馆、商场、宾馆、饭店和体育场馆等)必须安装一套独立的事故照明系统,走廊、楼梯、电梯和过道以及出入口都必须有应急照明光源。现在的应急安全灯能自动点亮,可连续照明 90 分钟。

7.2.4 展示空间尺度的组织

1)尺度方面

环境空间和机具尺度的确定,都是以人体的高度和肢体某些局部的尺度作为依据和标准的。否则,就会给人类的生活、工作、交往和参观等造成极大的不便,甚至对人造成不应有的伤害。展示设计中的尺度有以下主要内容。

(1)展厅的净高

展厅净高最低至少应大于 4 m,过低会使观众感到压抑、憋闷。展厅最高可以是 8 m、10 m,乃至更高,适合于大型国际博览会的展示需要。

(2)陈列密度

在展示空间中,展品与道具所占的面积以占展场地面与墙面总和的 40% 为最佳,占 50% 亦可。如果超过 60% ,就会显得拥挤、堵塞。特别是当展品与道具体形庞大时,陈列密度必须要小。否则,会对观众心理造成压迫感和紧张感,极不利于参观;特别是当观众多时,会引发堵塞和事故。

(3)陈列高度

根据人(观众)的标准身高尺度,展板与隔断墙的高度一般是 2.2 ~2.4 m;高展柜高度多半是 1.9 ~2.2 m;中等展台高度为 0.8 ~1.4 m;展板上的最佳视域是从距地 0.8 m 起至 2.2 m 高、宽度约为 1.4 m 的水平展示带。陈列高度过高,观众势必仰头参观,时间长了脖子会酸痛、疲劳。反之,陈列高度过低,观众多时,前面的人必然会遮挡住后面人的视线。此外,在一个展厅中,陈列高度应该一致,不可忽高忽低。当然,在高大的展场中,展墙及摊位的高度也必须相应加高,达到3.5 m或3.8 m,或更高,以便使之与空间环境在尺度上相协调。

2)参观通道的宽度

展示空间中的走道宽度应以人流宽度作为设计依据。人流宽度一般以普通人的肩宽加12 cm的空隙尺寸,即以60 cm来计算。主要通道宽应允许8～10股人流通过,即4.8～6.0 m(大型博览会的主要通道宽度),才不会造成拥堵。次要通道宽则应以4～6股人流来计算,即要达到2.4～3.6 m。假如是环形通道,宽度的确定则要看被环视的展品的高低和大小:展品高大时,环形通道宜宽,比如4～5股人流(2.4～3.0 m)来计算;展品若是矮小,环形通道宜窄,但最少也应按3股人流(1.8 m)来设计。

3)参观路线的设计原则

展会和博物馆的参观路线设计应本着以下8个原则进行。

①顺时针的行进方向——即应按照自左向右的方向参观,这是一般的规矩和准则,世界各国都是这样的。但是举办中国古代书法与绘画作品展览时,参观路线的设计则应采用逆时针方向(自右向左参观),这才是科学、合理的。因为书法作品的书写是自右至左、从上到下,横幅书法作品及横长幅的画卷,题头在右上角,作品的落款则在左侧末尾。当这类作品占绝大多数时,逆时针行进参观较为顺畅舒适;而顺时针参观则必然使观众多走冤枉路,不顺畅,不舒适。

②短捷——参观路线必须短捷,不能绕很多弯路,不能让观众走冤枉路。如果参观路线设计得短捷合理,观众就可以少走路,就不容易感到疲劳,展示效果就好。否则,当观众走太多冤枉路时,必然会疲劳不堪,影响情绪和展示效果。

③通畅——参观通道必须达到一定的尺度要求,不可过窄,而且通道上不能有障碍物,只有这样才能实现参观路线通畅的设想。只有通畅了,才不会产生参观人流的堵塞现象,才不会发生展品、设备和观众受伤害的事故。

④不交叉——在展厅内,不能有两条乃至更多参观路线交叉的设计。如果参观路线有交叉时,两股或多股观众人流就会发生冲突和堵塞,就可能发生不该有的事故。所以,设计师在设计展览平面布局时,要避免参观路线交叉的情况。

⑤不逆流——展览会和博物馆的参观都是从头到尾进行,参观路线是有固定方向的。绝不允许观众逆向行进。因为如果有不少观众逆向参观,必然会与正向行进的观众产生冲突。这不仅影响守规矩的观众正常参观,而且容易造成堵塞和事故。所以,一定要杜绝逆流参观现象。

⑥不重复——在展示设计当中,不可以出现参观路线重复的现象。假如参观路线有重复,就会使观众多走路,既浪费了观众的宝贵时间,又使观众过早地或过度地疲劳。这对于展览主办者尤其是设计师而言是一种失败。

⑦不漏看——在展览会或博物馆的展示当中,之所以出现"漏看展品"现象,一般都是因为参观路线的不合理。例如布局零散、枝杈小通道太多、参观路线不明晰等。如果一部分观众漏看了不少展品,展品的作用就没有充分发挥,使观众没有得到应有的信息和启迪,这是很令人遗憾的事情。设计师在平面布局设计中,一定要让参观路线明显,布局整合简洁,适当去除枝杈小通道,尽量避免漏看现象发生。

⑧主次分明——在设计大型展览会或博物馆平面布局时,参观路线应有主次的区别。即主要参观路线要宽、大、直、宽度要达到4.8~6.0 m,要明确、直通,不可太曲折。次要参观路线可以窄一些、短些,但宽度不应小于2.4 m。要根除过于窄小、分支太多的枝杈型小通道。主次通道有了区别,到各大展区及各摊位参观就层次清楚了。这对于疏导观众人流、方便参观都大有好处。

7.2.5 观展尺度与人—物对话空间

在展示空间中,工作人员与观众交谈的最近距离应该是多少?东西方由于道德观念和开放程度不同,近身尺度也不一样,概括地讲,东方人是1 m以上,西方人是0.7 m左右。在现代的展示会上,50 m^2 的活动空间中,至少要允许有3对人交谈,每对人交谈面积以1.5 m^2 计算,对话空间至少有4.5 m^2,才能使这些交谈不影响其他观众参观。

1)展品尺度

展品尺度有诸多变化,有平面展品和立体展品两大类。

平面展品:常见的是各种档案和文件等,它们的尺寸多半是16开本:B5(260 mm×185 mm)、A4(197 mm×210 mm)。印刷的整幅招贴画有787 mm×1 092 mm和889 mm×1 194 mm两种规格,对开则是546 mm×787 mm、597 mm×889 mm。0号图纸的尺寸是841 mm×1 189 mm,1号图纸(对开)为

594 mm×841 mm。32 开本的书籍是 130 mm×185 mm、133 mm×210 mm;64 开为 92 mm×130 mm、105 mm×133 mm;20 开的尺寸为 205 mm×205 mm;8 开的尺寸为 260 mm×370 mm、297 mm×420 mm。

立体展品:凡是具有三维尺度的展品都属于立体展品,它们的尺度变化很大,小的展品有 60 mm 长的扣耳勺、Φ20 mm 的戒指;中型的有双人床(1 500 mm×2 000 mm×450 mm)、大衣柜(580 mm×1 500 mm×1 850 mm);大型的如汽车、轮船等。所以,必须根据展品的实际尺寸,来设定展示道具的尺度,不可主观臆断。

2) 楼板与地面荷载

陈列重型展品,像万吨冲压机、巨型坦克、重型载重汽车和飞机等,展馆、博物馆的首层地面荷载要达到 3.5 kN/m^2 以上,才能确保地面不被压坏(下沉、龟裂)。

展馆、博物馆的楼层,不可放重型展品,但要考虑应对超重的观众在楼层上参观,楼层地面荷载应在 2.5 kN/m^2 为佳,以确保避免发生坍塌、伤人事故。

3) 展示设计中的无障碍设计

做得好的无障碍设计,应体现出人性化的理念,给残疾人提供出行、购物的方便,这不仅表现在道路建设、公园休闲,商店购物、餐厅家具和如厕设施等方面,也在展览建筑的室内外考虑到了残疾人的需求。

各类展览会、画廊和博物馆,特别是大型全国性展览会、科技性博览会,都会有许多聋哑人、盲人及其他残疾人士光顾。对于这些观众,展览的主办方和设计师必须给予充分的尊重和关怀,在空间设计、展示道具设计、交通设施、照明设计、标志系统设计、餐厅及如厕等方面体现出来。

(1) 户外的无障碍设施

在展览建筑前面的场地中,要为残疾人设置无障碍停车场(每辆车的停车位要比普通停车位宽大 300 ~ 500 mm,要不小于 1 800 mm);还要有专用的轮椅通道和盲道,直通展览建筑的入口处。轮椅的专用通道宽不得小于 200 mm,以 1 600 mm 为佳。道路渗水性能好,不打滑。

展览建筑入口旁还应有无障碍坡道,坡道的坡度不可太陡,一般以 4.00 ~ 4.50 为宜。坡道两旁的扶手或护墙高要在 850 mm 以下,护墙内侧墙面要光滑,以免伤人。坡道宽要大于 920 mm。坡道平面呈直线或微弧线均可。如果是折返线(像楼梯那样),必须在折返处有歇脚平台,其宽度不应小于1 450 mm。每段坡道的长度不可过长,国际上将长度限定在9 m以内。

(2)室内的无障碍设施

在展览空间内,无障碍电梯、轮椅专用坡道、洗手间设施和餐饮桌台的尺度等要解决好,做到安全可靠。

无障碍电梯室入口要不小于920 mm,电梯室平面尺寸一般1 880 mm见方,最小1 630 mm见方,最佳为2 130 mm见方;轮椅在其中的旋转直径应为1 580~1 830 mm。针对盲人,电梯门旁应有盲文触摸板和语音提示装置。针对耳聋的人,电梯室内要有文字、符号及彩色信号灯的显示装置。

轮椅专用坡道的长度不要太长,坡度要小(不要超过4.50,国际标准为4.00)。坡道宽度,单向行驶宽不要小于920 mm,双向行驶宽应不小于1 530 mm。坡道两旁的护栏高要小于850 mm,不锈钢管扶手的焊接、安装一定要坚固、牢靠;如果是矮护墙,其内侧一定要光滑。这样才能确保不发生伤亡事故。

为坐轮椅的人提供的卫生间,门宽不得小于820 mm;马桶高520 mm左右;马桶两旁的扶手高840 mm;洗脸池高750~790 mm;电子烘手器距地760~800 mm;照明灯的按键开关距地1 170~1 220 mm之间。卫生间门外要装有明显的无障碍标志。

展览建筑内的冷热饮和快餐部,应为坐轮椅的残疾人设有专用的餐桌或台面,以方便他们餐饮。桌子最好是一条腿或两条腿的,两条腿的间距不应小于590 mm。台面的面板要向前出挑,或者两侧是板式腿(长条台面下板式腿之间的距离不应小于590 mm)。餐桌、餐台面距地870 mm;下面的隔板下沿距地不应小于720 mm,以便坐轮椅时腿可以自由进出桌台下,腿可伸进桌台下340 mm左右。

(3)其他问题

展示道具的尺度不可过大,尤其不可将展品放得过高。否则,做轮椅的残疾人就看不见或看不全放得过高的展品。版面上文字和说明牌上的文字,也不可放得过高,字不要太小。

展厅内的照明不可明暗反差过大,地面、楼梯间、走廊、坡道上,要让残疾人看清路面情况,光线不能太暗,一定要有安全照明系统。

展馆内外的标志系统要经过精心设计,除了高处(墙面、柱面、高空吊挂等)的指示标志和文字外,地面上、墙根踢脚线处都应运用颜色与文字,让人极容易地区别出交通区、展示区、安全疏散通道、通向洗手间和休息室的路径等，为残疾人提供最佳的服务。

思考题

1. 展示道具的功能有哪些？

2. 思考展览形态、使用方式、材料、尺寸之间的关联。

3. 收集商业展会中功能性道具的资料，整理出相关数据。

4. 利用 50 支竹制筷子，制作出可以承托 5 ~ 10 个 CD 盒的陈列架（结构方式可选择捆扎、粘结等结构方式）。

5. 列举常用光源的品种。

6. 简述展示空间的组织尺度。

第8章 展示设计表达与深化

【本章导读】

本章对展示空间设计的图纸表现方式,设计意念材料的表现方式,数字化表现手段都进行了详细的描述。特别是在图纸规范约定、图面比例控制上都有具体陈述。在后期深化设计所涉及的模型制作中,对材料、工具的要求都有明晰的表述。

【关键词汇】

图纸表达　表现手段　表现材料

8.1 展示设计方案图纸表达

任何一个设计概念都必须透过可视的图面表达,将设计方案的形态样式、基本尺度、材料赋予、工程结构实现方式等一系列符号表达方式向委托方进行技术陈述。随着设计进度的要求,会形成不同阶段设计文件。在设计文件中会有不同的技术表达要求,这一系列的技术表达就形成不同种类的图纸配合说明细化方案的设计思路。最终形成指导施工技术图纸;同时,依据不同工种的施工要求,形成符合各工种要求的施工图纸。

(1)总平面图

主要是表达功能区划、入口位置、展厅或展区、展具的摆放格局、参观路线的走向(参观通道的分布状况)、防火安全通道的位置、配电箱盘及设备的所在、洽谈间在何处、入口及出口位置和疏散走道的走向等,各类展品的布局情况(见图8.1)。常用的比例是1:100,面积大时比例为1:200。

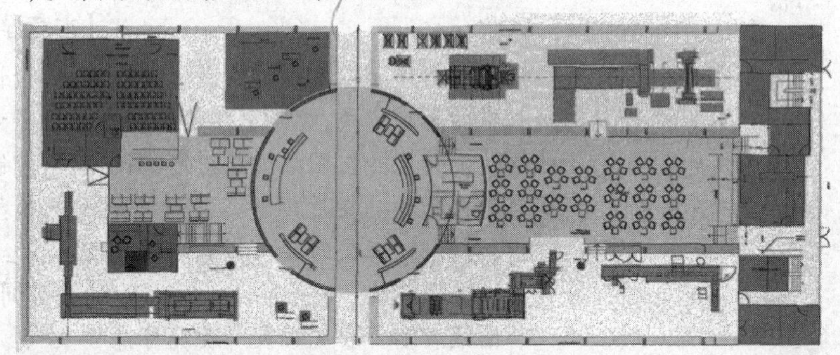

图8.1 总平面图示样

图8.1:总平面图清晰地表明参展商的位置,以及对展馆各个设施的布置。

(2)摊位三视图

展览摊位、正立面图是与上述的平面图相对应的,不一定将4个立面图全画出来,可以根据表达的需要画一至两个立面图或画出3个立面图。从立面图上可以看清摊位的形状、高度,展墙或展架的样式与高度,展墙的色调,展览版面的版式与色彩搭配关系,照明方式、亮度与光色,展柜的种类及里面的立体展品展区的装饰与绿化情况等。通常立面图的绘制比例与平面图一致,即用

1∶100或1∶200（面积较大时）。但有时为了突出立面上的形象，平面图用小比例，而立面图用大比例。例如平面图为1∶100的比例，而立面图则用1∶20或1∶25的比例画出。

侧立面图或侧剖面图是三视图之一，一般多画成侧立面图，很少画侧剖面图。绘图的比例可以与平面图相同，也可以不同。标注图名时，一定要写清楚是“左侧视立面图”，还是“右侧视立面图”。因为如果没有标注，会让看图的人费时去判断，影响图示的效果，这一点必须引起设计师的注意。立面图可以着色。

(3)效果图

这是指整个摊位、展厅或展区的立体效果图是从一个或两个以上的角度观赏的效果图。这种具有立体感的效果图，也叫“立体图”。能让甲方的领导者或代表产生亲临未来将要搭建好的展区、展厅或摊位的“临场感”，领导或代表是否喜欢这个设计，很容易表态和做出抉择。没学过制图的甲方领导人或代表，他们仅通过展示设计的平面图和立面图在头脑中是不会想象出未来的摊位或展厅、展区的真正的立体效果是什么样子的。所以，这一类的设计效果图是不可缺少的。

(4)轴测图

设计效果图包含两类立体图：一类是用焦点投影画法画成的“透视图”；另一类是用平行投影画法画成的“轴测图”（分正轴测图和斜轴测图两类）。用这两类立体图画法的任何一类或任何一种画成的立体图都可以作为效果图使用。

这两类效果图各有优缺点。透视图比较逼真，但画起来难一些，有的人不按比例画图，所以从图纸上量不出尺度来。轴测图有立体感，但没有透视变化，远近的长度都一样长，所以不像透视图那样使人看得舒服。可是轴测图相对容易掌握，特别是能从图上量出物象的尺度来。

图幅大小采用2号图纸或A2、A3规格的纸张。当然，可以用0号或1号图纸，按1∶10或1∶15的比例画图。画轴测图的比例和图纸的大小基本与画透视图的相同。效果图要依照构想中的空间尺度、材料肌理、照明方式、色彩等要素尽可能地表现出来，从而使委托方全面了解设计主线。

(5)展示道具设计图

展示道具设计图包括三视图、效果图和节点大样图。通常道具设计图纸采用2号图纸，比例采用1∶20或1∶25来画展具设计图；国外则用0号图纸，1∶5或1∶10的比例来绘制展示道具设计图。三视图完成后进一步绘制完成节点大样图。

(6)静态展示图文版面设计图

静态展示图文版面设计图主要是指文字、照片、插画与图表的展板的设计图。通常是以1:10或1:20的比例绘制,图的幅面通常是1号或2号图纸,如果需要也可以画成1:5的中样图。

(7)图表设计图

规划性的展览会必须用图表来表现规划的进程。为了增强图表的艺术表现力,必须在文字、图形和色彩上着重推敲,重要图表要做到简约清爽,一目了然。图表设计图一般都用1:2或1:5的比例,有时也会用足尺比例(即1:1的比例),图幅多用2号图纸(420 mm×594 mm)或A3(297 mm×420 mm)大小的纸张。

(8)图形设计方案

图形设计方案,一方面应用在包括展区内各种装饰物件。例如各种挂件、摆件的选择(灯饰、彩带、旗帜、标志、浮雕和圆雕等),花草的选择与摆放,彩球、偶人和风筝等的搭配(见图8.2至图8.5)。通常采用1:10、1:20或1:5的比例来画图。装饰物的应用效果图多采用1:20或1:25的比例绘制,图幅为2号图纸或A3大小的纸张。

(9)照明设计图

照明设计图包括整个摊位、展厅或展区的"布灯方案图"(平面图或立面图,用1:100或1:50的比例。可以从该图中看出各种照明灯具的位置、光源类别与型号、安装高度、光源功率、走线情况和电源位置等)和"照明效果图"(也叫光氛围效果图,就是突出显示照明效果的透视图或轴测图)。照明效果图的比例最好是1:20或1:25,采用2号图纸制图。

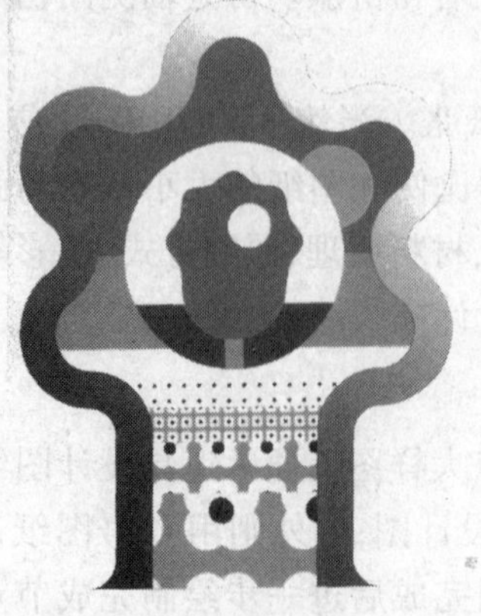

图8.2 图形设计示样

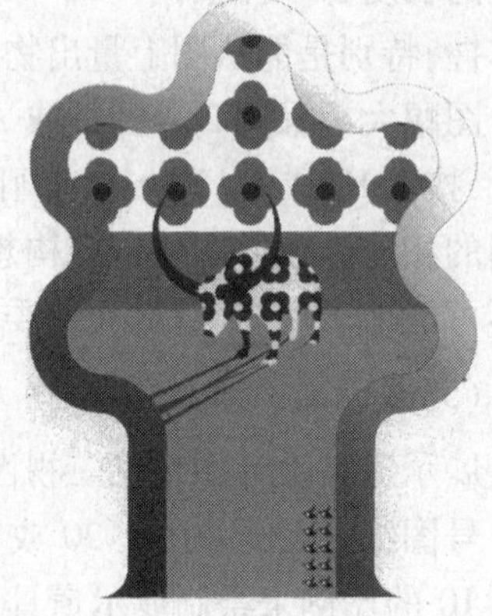

图8.3 图形设计示样

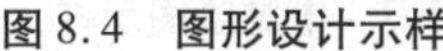

图8.4 图形设计示样

图8.5 图形设计示样

图8.2、图8.3、图8.4、图8.5:这是一组针对商场陈列的图形装饰设计,充满卡通味道的装饰和图案传达出良好的视觉形象。

8.2 绘图的手段与方法

绘制展示设计创意图(前面叙述过的各种设计图)常用的手段和方法有以下两种。

8.2.1 手绘图纸

如果展示设计师的手绘能力很强,只要构思成熟,可以很快完成上述的各种图纸,花费的时间与投入的成本也比较少。特别是规模小的展会不需要画出上述的全部设计图纸,花费的时间会更少。

8.2.2 电脑绘图

电脑绘图(见图8.6至图8.11)要求设计师熟悉各种计算机软件,掌握必要的操作技巧,可以从网上下载参考资料为己所用。对于手绘能力较弱的设计师来说借助计算机画图确实是很便捷的方法。但是,一方面,若没有很好掌握平面与立体的各种软件的使用技巧,作图必然耗费很多时间;另一方面,将存在计算机里的已经画好的设计图打印成图纸，既要花费较长的时间，又要增加设计的成本。设计师要努力掌握好上述这两种绘制展示设计图的方法和手段，以便满足客观上的需求。比较正规的国际性展览会、全国性的大型展会、国家级博物馆(展览馆)搞陈列或展览，大商场搞内装等都要求设计单位拿出计算机设计图。而小型展会可选用手绘方式完成设计方案。

图 8.6　电脑绘图示样

图 8.7　电脑绘图示样

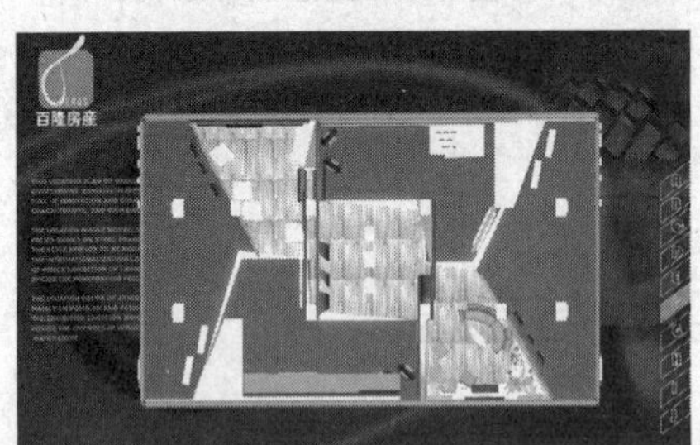

图 8.8　电脑绘图示样

图 8.9　电脑绘图示样

图 8.10　电脑绘图示样

图 8.11　电脑绘图示样

图 8.6 至图 8.11：这是一组上海工程技术大学会展系学生的作品，是第 5 届国际家居博览会的设计方案，这对于参展商直观地判断设计方案起到了很大的作用。

8.3 立体的表达形式

展示设计师通过不同类型的图纸来表达自己的设计思路,但这还不够充分和完美,往往还需要用立体的表达形式来补充、强化弥补图纸表达的局限和不足。立体的表达形式就是制作与图纸相应的沙盘与模型增强设计方案的真实感和临场感。

可以用来制作沙盘与模型的材料很多应根据设计内容和表达的需要来进行合理的选择。

1)金属材料模型

常用的金属材料有铝板、铜板、铅丝、铝丝或铜线、钉、螺母和垫圈等,通过这些材料的各种组织方式的变化,形成不同形态来表现展示空间的立体形态。

2)木质模型

木质材料包括小松木条、木方、三合板、五合板或七合板、火柴棍、牙签和竹片等, 利用黏接材料黏合,展现展示空间的形态(见图 8.12 和图 8.13)。

图 8.12 木质模型

图 8.13 木质模型

图 8.12、图 8.13:对于大型的模型展示通常采用木质或更复杂的模型材料制作。

3)纸质模型

纸材包括厚纸板、白卡纸、瓦楞纸、植绒纸、硫酸纸、马粪纸、彩色卡纸和包装纸等,用来制作沙盘、地貌和草坪等(见图 8.14 和图 8.15)。

图 8.14　纸质模型

图 8.15　纸质模型

图 8.14、图 8.15:用卡纸做的草模多用于对设计空间的推敲和研究,这是非常重要的一个步骤。

4)工程塑料及有机玻璃模型

塑料包括软塑料膜、聚氨醋(polyester、polycarbonate 等)、苯板、硬塑料(Pve、ABS、polystyren 和万通板等)、赛璐珞片和弹性工程塑料(lomod)。透明有机玻璃板、白色透光有机玻璃板、彩色及珠光有机玻璃板、镜面铝塑板等用来做墙体、地面、展板等展示空间的界面(见图 8.16 和图 8.17)。

图 8.16　有机玻璃模型

图 8.17　有机玻璃模型

5)石膏

借助玻璃板可以将生石膏粉做成石膏板,用来做墙体或底板。借助软皂和模具可以制作出形态复杂的石膏模型。

8.4 制作沙盘、模型的工具

8.4.1 加工金属与硬塑料、有机玻璃的工具

加工金属与硬塑料、有机玻璃的工具包括:300 mm 不锈钢直尺、1 000 mm 不锈钢直尺、300 mm 活动直角尺、250 mm 划规、200 mm 克丝钳、大板锉、半圆锉、圆锉、什锦锉、400 mm×600 mm 手板(划线用)、高度尺、裁刀、钩刀、平行尺、220 mm 改锥(十字的和一字的都需要)、鸭嘴锤、羊角锤、钢锯、电钻、平台、台钳以及划线笔等。

8.4.2 加工木、竹、纸与纸板的工具

加工木、竹、纸与纸板的工具包括:有机玻璃直尺、三角板、裁刀、剪刀、胶水或精糊、乳胶、木工锯、钢丝锯、大小手刨、凿子、木钻、木锥以及粗细砂纸等。

8.4.3 加工玻璃板的工具

加工玻璃板的工具包括:玻璃刀、专用打孔钻及金刚砂、油石和玻璃胶等。

8.4.4 加工石膏的工具

加工石膏的工具包括:玻璃板或金属板、软皂、竹质刻刀、金属丝刮刀、铁扁铲、铝片或塑料片、水盆、碗或杯子、刮刀、节节草(地龙草)或细砂纸和油画笔等。

制作模型的部分工具,如图 8.18,图 8.19 和图 8.20 所示。

图 8.18　工具展示

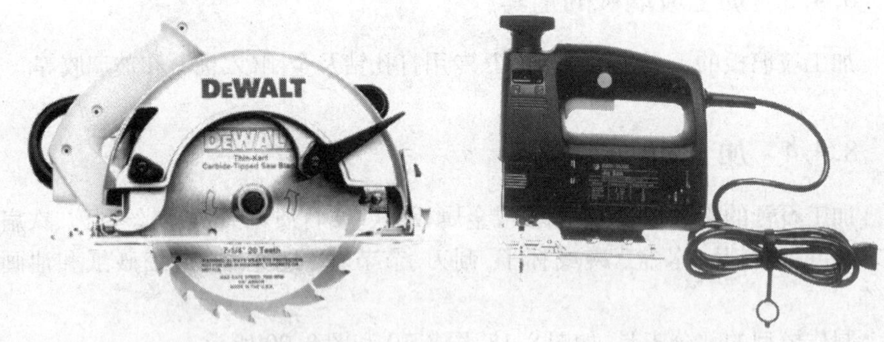

图 8.19　工具展示　　　　图 8.20　工具展示

图 8.18、图 8.19、图 8.20:这只是制作模型的部分工具展示,模型制作是一个复杂系统的过程,对训练动手能力有很大的作用。

8.5 制作沙盘、模型的比例

根据展览摊位、展厅或展区(含户外展场)面积的大小和设计表达的需要可以用多种不同的比例来制作沙盘或模型。

8.5.1 小比例的沙盘、模型

如果展出的面积比较大(从几千平方米到超过1万平方米),可以用沙盘来表现地形、地貌的布局情况,并且用1:5 000或1:2 000的比例。如果是一个展览摊位或展厅的模型,可以用1:1 000或1:500的比例制作。

8.5.2 大比例的模型

如果要表达的是中小型摊位或展厅、局部单元的陈列状况,可用1:200或1:100的比例制作模型。如果只做展示道具(例如展柜、展台、屏风、花槽等)的立体表达,常用1:50、1:25或1:20,甚至1:5的比例来制作模型。

8.5.3 足尺模型或样板

有时为了更好地展现设计构思,以用材得当与加工制作精良来打动甲方,就得制作出实样,即1:1原大尺寸的展板、展柜或序幕屏风等。

思考题

1. 绘制一套图纸,包括草图方案、平面图、三维透视效果图。

2. 根据图纸制作某品牌的专卖店或展位的草模。(A2幅面大小)

3. 在草模评估后,制作和深化方案的正模。

4. 请虚拟一个主题特装摊位,设计制作PPT演示文件,包括:场地功能布置、形态表现主题、材料列表、设备列表、施工流程等项内容,并组织提案预演,预演时间不得超过10分钟。

第9章
展示空间搭建材料分类

【本章导读】

本章着重罗列各种展示空间搭建经常使用的材料，通过对其分类表述使读者能够对展示搭建工程中材料的分类有比较清晰的认识。随着材料研发技术水平的不断提高，新技术、新工艺层出不穷，因此，新的展示空间形态也会应运而生。材料的科研水平决定展示搭建水平的发展，只有深入研究并能灵活运用材料才能最终将设计思想还原为物质的结构形态。

【关键词汇】

结构材料　功能材料　装饰材料

展示设计师必须学会用材料表达情感,将适合的材料使用在适合的地方。每个人对材料都有自己的理解,对材料的不同理解和不同的使用方法,会产生不同的设计效果。另外,材料的自身发展,同时也会带动新风格新形式的产生与变化,从某种意义上讲,展示空间的形态多元化的发展与材料的发展几乎是同步的,设计风格的演变与材料的更新换代休戚相关,以美、日、意领衔的展示设计,在铝材和塑料上作足文章,形成诸如"高技派"等一系列潮流。而广泛应用塑料,则成为表述后现代主义不可或缺的媒介。如今可供使用的展示空间搭建材料的种类极其繁多,为材料的创造性使用及各种新型材料的搭配组合提供了无限的可能性,形成设计、创新、表现的重要渠道。

9.1 展示空间搭建材料综述

展示空间搭建材料是展示空间构筑物在搭建时所用材料的总称,装饰材料只是其中的一个类别。此外,展示空间搭建材料同时还应包括结构材料、功能材料。

结构材料——用于展示空间构筑物主体构筑(如梁、柱、隔断墙体、楼扶手)的材料。

功能材料——包括吸声隔音材料、采光材料、保温材料、绝热材料、防水材料、防火材料等改进展示空间构筑物物理功能的材料。

装饰材料——包括展示空间构筑物内墙面装饰材料、地面装饰材料、天花装饰材料及内部配套设备等(包括家具陈设、灯具、电器等)装饰材料往往依附于展示空间构筑物,尤其是结构材料而存在,可为展示空间构筑物增加图案、色彩、质地等变化。

展示空间搭建材料的使用原则如下:

1)实用性

当今材料科学的高度发展,使新材料不断涌现,更新周期越来越短,用途和分类越来越交错,很多材料往往是集结构材料,以及功能和装饰材料的作用于一身。选材原则根据展示空间的具体使用功能、环境条件及使用部位,应符合防水、防腐、抗冲击、耐磨、抑制噪声、隔热、阻燃、反光透光及耐酸碱腐蚀等具体要求。另外,作为装饰材料应具有一定的强度和耐久性,对建筑物应起到一定的保护作用。

2) 审美性

不同的材料，包括材料的形状、色彩、质地、图案及轻重、冷暖、软硬等属性，会引起人们不同的生理、心理反应，材料选择应符合人的生理及心理要求。空间、环境的氛围和情调的形成，很大程度取决于材料的本身形式、特点，这里不仅包括材料本身所具有的天然属性，还有对材料的人为加工以及不同施工方式所形成的外观形式特点。

3) 经济性

经济性即材料的价格、可加工性以及是否容易保养等问题。就我国展示空间搭建产业水平而言，美观、适用、耐久、价格适中的材料今后较长时间仍占市场的主导地位。

4) 安全、节能与环保

作为展示空间设计师有责任避免使用对人体健康有害及具有潜在危险的材料，如含有较高甲醛指标的涂布材料，含有较高放射性指标的铺地材料、过于光滑的铺地材料以及易燃、易散发有毒气体(大量用于木材加工的黏合剂中的甲醛就是对环境的一种严重危害)的不合格或劣质材料等。这项工作可借助环保监测和质量检测部门进行检验，以保护业主和使用者的利益。还应考虑原料来源丰富，避免使用珍稀动植物作材料，避免过度的能耗，借以保护环境维护生态平衡。

9.2 木材——在展示空间搭建中的应用

虽然木材有易燃、易腐朽、易裂变、易遭虫蛀等局限性，但这并不会妨碍到木材得天独厚的优越性。木材的资源丰富，容易获得，其材质较轻，强度较高，有较好的弹性和韧性，既能支撑也可围合空间，容易加工(可进行刨、锯、钻、弯曲、雕刻等工艺)和涂饰(大多数木材表面需经涂饰，以防沾染灰尘或污渍，隔绝潮湿、防止腐朽，以及增加光泽、充分显示木纹效果)；木材的外观自然、亲切美观，并且具有芳香的气味。世界各地的森林为我们提供了丰富的木材品种，不同树种具有不同的色泽和纹理，当然也可以通过染色或漂白来改变它们的颜色，从不同方向锯解，可截取不同的切面纹理，有些木材还会呈现瘤形、雀目良形、波浪形纹理等复杂的结构图案。木材还是很好的绝缘材料，对声音和电都有较好的绝缘性。尽管今天有许多更具优越性能的新型材料可供选择，木材仍是当前主要的展示空间搭建材料之一，现代展示空间搭建工程中，木材的使用依然极其广泛，用量极高。

9.2.1 天然材

天然材分软木材和硬木材两种，室内装饰工程的天然木制品包括地板、门窗、木结、龙骨以及雕刻制品等。

1）软木材

软木材主要是指松、柏、杉等针叶树种，木质较软较轻，易于加工，纹理较平淡，材质均匀，胀缩变形小，耐腐性较强，多用于家具和装修工程的框架（如龙骨等基层）制作。

2）硬木材

硬木材主要是指种类繁多的阔叶树种，包括枫木、榉木、柚木、曲柳、檀木等，多产于热带雨林，虽然容易因胀缩、翘曲而开裂和变形，但木质硬度高且较重，具有丰富多样的纹理和材色，是家具制作和装饰工程的良好饰面用材。

9.2.2 人造板材

天然材生长周期长，随着人类对森林（尤其是产自热带的稀有硬木）的大量采伐，地球的森林资源正逐渐匮乏，目前这种持续过度消耗已经造成了巨大的环境问题。

人们为了充分合理地使用木材，提高木材的使用率（正常木材利用率仅为60%～70%，而纤维板等人造板对木材的利用率可达90%），利用木材加工过程中产生的边角碎料，以及小径材等材料，依靠先进的加工机具和新的粘结技术的掌握，生产了许多人造材。目前其使用量已远远超过天然材，其中人造板是目前展示搭建行业最常用的。

1）胶合板

将原木经蒸煮后切成的薄片，用胶黏剂按奇数层数以相邻各层木片纤维纵横交叉的方向进行接合热压而成的大幅面的人造板材。常用的有3厘板、5厘板、9厘板等,既可作为基层板来使用,也可使用装饰性好的优良木材(或装饰纸、塑料贴画板)贴在普通的衬底木板上制成饰面板来使用,是室内装修和家具制作的常用贴面板材。

2)细木工板

细木工板又称大芯板,是由上下两层单板中间夹有木条拼接而成的芯板,握钉力好,强度、硬度俱佳,但平整度稍差于密度板和刨花板,一般作为涂装或贴面的基材来使用,是目前装饰工程中较多使用的基层板。

3)纤维板

用板皮、木渣、刨花等剩废料,粉碎后研磨成木浆,加入胶料(也可加入水泥、菱苦土等),经热压成型等工序制成。由于成型时温度及压力的不同,又可分为硬质(高密板)、中硬质、软质中密板三种。内部组织均匀,握钉力较好,由于构造均匀,平整度极佳,不易翘曲开裂和变形,抗弯强度较高,表面还可以雕刻,多作为涂装或贴面基材使用。

4)刨花板

以刨花、木渣及其他短小废料切削的木屑碎片为原料,加入胶料及其他辅料,经热压而制成的板材,强度较低,握钉力差,边缘易吸水变形和脱落,但平整度好,价格较低,多作为基材来使用。目前,国内板式家具大多数是利用刨花板制成。

5)定向木片层压板

定向木片层压板又称欧松板,国际上通称为ass是种新型构装饰板材,采用松木碎片定向排列,经干燥、施胶、高温高压而制成。甲醛释放量几乎为零,成品完全符合欧洲El标准,抗冲击能力及抗弯强度远高于其他板材,并能满足一般建筑及装饰的防火要求,可用于墙面、地面、家具等处。目前,欧松板在北美、欧洲、日本的用量极大,建筑工程中的常用胶合板、刨花板已基本被其取代。

6)空心板

以木条、胶合板条或纸质蜂巢组成的几何孔格形芯料,两边覆以胶合板、塑料贴面板等,经胶压制成的板材。具有形状稳定,重量轻等优点,但强度较低,适宜用做门板材料。

9.3 玻璃——在展示空间搭建中的应用

玻璃是种坚硬、质脆的透明或半透明的固体材料,主要由石英砂、纯碱、长石、石灰石等原料经高温熔解、成型、冷却而制成。从化学角度来看,玻璃与陶瓷或轴料的某些成分相似,通过加热或熔化,玻璃具有高度可塑性和延展性,可以被吹大拉长、扭曲挤压或浇铸成各种不同的形状,冷玻璃也可以切割成片来进行接合、拼接和着色。玻璃具有优良的光学性能,既会透过光线,也会反射和吸收光线,玻璃的反映光线和自然环境的性质使其本身就具有很高的装饰作用。现代建筑中,玻璃已成为设计师们不可缺少的装饰材料,其性能特点也在特定环境中被发挥得淋漓尽致,为空间带来了前所未有的开放观念,满足了人类对光和对透明、扩大视野的渴求,改善了建筑内部与外部的相互关系,同时也改变了人类与空间、光与自然的关系。多数情况下,我们的眼睛看到的玻璃,不如说透过它去看玻璃围起的空间或空间以外的空间。

目前,玻璃已由单一的采光功能向多功能方向发展,通过某些辅助性材料的加入,或经特殊工艺的处理,可制成具有特殊性能的新型玻璃,如用于减轻太阳辐射的吸热玻璃、热反射玻璃、光敏玻璃、热敏玻璃,用于保温、隔音的中空玻璃等,来达到节能、控制光线、控制噪声等目的。通过雕刻、磨毛、着色及铸以纹理等方式还可提高其装饰效果,玻璃制造的镜片可扩大空间的视觉尺度,兼具装饰性和实用性的玻璃品种不断出现。

9.3.1 平板玻璃

平板玻璃即平板薄片状玻璃制品,是现代建筑工程中应用量较大的材料之一,也是玻璃深加工(如钢化、镀膜玻璃)的基础材料。通常为透明、无色、平整、光滑,但也可以是毛面、碎纹、螺纹或波纹的,可以控制光线又称白片玻璃或净片玻璃。大量用于建筑采光,主要用于装配建筑门窗,制造工艺有垂直引上法、平拉法、对辊法、浮法等,目前国内外主要使用浮法生产玻璃。

9.3.2 毛玻璃

毛玻璃是经研磨或氢氟酸溶蚀等加工方式,使表面单面或两面成为均匀粗糙(也可形成某种图案)的平板玻璃。用硅砂、水研磨而成的称磨砂玻璃;用压缩空气将细砂喷射到玻璃表面,产生毛面的玻璃称喷砂玻璃;用酸溶蚀的称酸蚀玻璃。由于其表面粗糙,会使透过的光线产生漫射,虽然透光但不透视,既保持私密性,还使室内光线柔和而不致眩光刺眼,多用于办公空间、医院、卫生间的门窗、隔断等处及灯具玻璃的制造。

9.3.3 压花玻璃

压花玻璃是将熔融的玻璃在冷却硬化前,用刻有图案花纹的辊筒在玻璃的单面或两面压延出深浅不一的花纹,又称花纹玻璃或滚花玻璃。不但图案具有装饰效果,其表面的凹凸不平还会使透过的形象受到歪曲而模糊不清,利于形成私密性,多用于办公空间、医院、卫生间的门窗、隔断等处。

9.3.4 彩色玻璃

彩色玻璃分为透明和不透明两种,透明彩色玻璃是将玻璃熔解后加入一定的金属化合物使其带色(如加入硒和铬可得到红色,加入氧化铬和氧化铁可得到绿色,而蓝色则可通过加入铜和钴来获得)。不透明彩色玻璃则是在无色的玻璃表面涂敷色釉烘烤,或利用高分子涂料涂刷制成。早在 2 000 多年前,就已出现彩色玻璃。中世纪以来,彩色玻璃就一直是基督教建筑的重要组成部分,在 12 世纪和 13 世纪时已得到高度发展,它们被镶嵌在工字形的有槽的铅或铁的框架之中,用于装饰性的窗户上,铅条本身则形成图形的轮廓,或是粘贴于混凝土底层作为装饰。19 世纪晚期的维多利亚时期和新艺术运动时期,建筑的窗子和灯罩等照明装置以及花瓶等饰物中,也广泛地运用了彩色玻璃。

9.3.5 镀膜玻璃

镀膜玻璃是具有较高热反射能力而又保持良好透光性能的平板玻璃,又称热反射玻璃。其遮光隔热性能良好,不仅可以节省空调能源,还能起到良好的装饰效果。在这种玻璃的表面镀覆金、银、铝、铜、铁等金属或非金属氧化物薄膜,或以某种金属离子置换玻璃表层中原有离子而制成的热反射膜,多用于建筑的门窗和幕墙,具有单向透像性能,迎光面具有镜子的特征,背光面又如普通玻璃般透明,对室内能起到遮蔽和帷幕作用。白天在室内可以看到室外,室外看不清室内,还可以映现周围景色,为城市景观增色,但有时会使景象的颜色失真,使用面积过大过多也容易造成光污染。

9.3.6 吸热玻璃

吸热玻璃是具有控制阳光中辐射热能通过而又保持良好透光性的平板玻璃。它可以通过加入着色剂或喷涂有色薄膜制成,有多种颜色如灰色、茶色、蓝色、绿色、红色、金色等,隔热、防眩光,可增加建筑物的美感。由于能够吸收太阳光谱中的热作用较强的红外线、近红外线,产生"冷房效应",避免室内温度升高,节约空调能耗,还可吸收太阳光谱中的紫外线,减轻紫外线对人体和室内物品的损害,多用于建筑门窗和幕墙。

9.3.7 磨光玻璃

磨光玻璃是将普通平板玻璃经机械研磨抛光而形成的透明玻璃,可单面或双面磨光,磨光后表面平整光滑,物像透过不变形,透光率大。其主要用于高级建筑门窗、橱窗或制镜,但价格昂贵,不经济。自从浮法工艺出现以后,磨光玻璃的用量已逐渐减少。

9.3.8 中空玻璃

玻璃是一种很差的绝热材料,而中空玻璃是由两层或两层以上的玻璃(通过胶接、焊接或熔结等手段封闭四周而制成的。玻璃之间留有间隙并充以干燥或惰性气体,以免产生凝结水或进入灰尘)。它对于保温、隔音等功能具有一定作用,还不易结露,减少建筑物能耗。

9.3.9 安全玻璃

普通平板玻璃质脆和易碎,且破碎后形成的尖锐棱角容易伤人。为减小玻璃的脆性,提高玻璃的强度,通常采用某种方式将玻璃加以改性,如将玻璃加入钢丝、PVB(聚乙烯醇丁醛树脂胶片),提高其力学强度和抗冲击性,降低破碎的危险,通过这些方式制成的玻璃统称安全玻璃。

9.3.10 钢化玻璃

钢化玻璃产生于20世纪60年代,是将普通平板玻璃通过物理或化学方法来提高玻璃的强度。钢化后的玻璃,机械强度高,抗冲击,弹性好,热稳定性好,急冷急热也不易炸裂,不易伤人。

目前主要采用物理钢化(浮火钢化),化学钢化(离子交换增强玻璃)成本较高,且破碎后仍会形成尖锐的碎片,一般很少使用,钢化玻璃不能切割,磨削边角不能碰击挤压,只能按设计尺寸加工定制,常用来制作建筑的门窗、护栏、隔断及家具等构配件。

9.3.11 夹丝玻璃

夹丝玻璃是将预先经过热处理的金属丝或网(钢丝网或铁丝网)压入到红热软化的玻璃板中而制成的。金属丝网在玻璃中会起到增强作用,夹丝玻璃耐冲击、耐热性好,即使碎裂,也会碎而不散,碎片由于附着于金属网上不会四溅伤人,并能保持原形。由于可用来隔绝火势,故也称防火玻璃,多用于防火门以及采光天窗、屋顶等处。

9.3.12 夹层玻璃

夹层玻璃是在两片或多片平板玻璃之间嵌夹透明塑料衬片,经热压黏合制成的平面或曲面的复合玻璃。夹层玻璃层数往往有2层、3层、5层、7层,最多可达9层,透明性好。抗冲击性要高于平板玻璃几倍,破碎时不会裂成分离的碎片,只有辐射的裂纹和少量的碎屑,且碎片粘在衬片上不致伤人,还可以控制太阳辐射以及隔音。可用来制成汽车和飞机的挡风玻璃、防弹玻璃及有某些特殊要求的门窗、隔墙,如水下工程、银行、高压设备观察窗等。

9.3.13 玻璃砖

玻璃砖在问世时的20世纪30年代时非常流行,现在又再度兴起。玻璃砖的外形有正方形、矩形和各种异形,分空心和实心两种。空心玻璃砖由两块凹型玻璃相对熔接或胶接而成,中间空腔充有干燥空气。玻璃砖具有强度高、耐火、隔热、隔声、防水等多种优良性能,可以是平光的,也可以在内外铸有花纹,由于内部铸有花纹或凹凸起伏而使光线产生漫射,可控制视线透过和防止眩光。由于是合模数制的材料,玻璃砖也可以像砖块那样用灰浆砌筑,多用来砌筑非承重隔墙、透光隔墙,根据需要还可砌筑成曲线,形成多种空间的内外隔墙、隔断等。

9.3.14 玻璃马赛克

玻璃马赛克是以玻璃为基料制成的一种小规格的彩色饰面玻璃，我国现用名称为玻璃锦砖。一般尺寸为20 mm×20 mm、40 mm×40 mm，厚度为4 mm～6 mm，背面略凹，有条棱沟槽，四周呈楔形斜面，并有锯齿或阶梯状的沟纹，以利粘贴。玻璃锦砖有透明、半透明、不透明的，颜色丰富，有的还有金银斑点，质地坚硬，性能稳定。由于出厂时已按连接设计要求铺贴在纸衣或纤维网格上，因而施工方便，对于弧形墙面、圆柱等处可连续铺贴，可镶拼成各种图案，可用于内外墙和地面的铺贴。

玻璃制品还有玻璃质绝热、隔音材料等，包括泡沫玻璃、玻璃棉毡、玻璃纤维等。

9.4 塑料——在展示搭建工程中的应用

塑料是以合成树脂或天然树脂为主要原料，与其他原料在一定条件下经混炼、塑化、成型，且在常温下保持其形状不变的材料。塑料具有许多优于其他材料的性能，如原料的来源丰富，耐腐蚀性强，电、热绝缘，质轻等。塑料可呈现不同的透明度，还容易赋予其丰富的色彩，在加热后可以通过模塑挤压或注塑等手段而相对容易地形成各种复杂的形状。肌理表面通过密度的控制还可使其变得坚硬或柔软，但塑料普遍也有易老化、耐热性差、易燃、含有毒性(尤其燃烧时会释放出致命的有毒气体，这往往是火灾造成人员伤亡的重要因素)和韧度较低等缺点。

1)防火胶板

防火胶板是将多层基材浸渍于树脂溶液中，在高温、高压下制成的胶板。其表面的保护膜具有强度高、耐烫、耐燃烧、防水、耐磨、耐酸碱，以及防止酒精等溶剂侵蚀的功能，且花纹色彩种类繁多，表面有镜面型和柔光型，多用于家具饰面。

2)覆塑装饰板

覆塑装饰板是以塑料贴面板或塑料薄膜为面层，贴在木材、金属等基材板上而制成的，如千思板。

3)阳光板

阳光板又称 PC 板、玻璃卡普隆板,以聚碳酸酯为基材制成,有中空板、实心板、波纹板。其具有重量轻、透光性好、刚性大、隔热保温效果好、耐候性强等优点,多用于采光天花的使用。

9.5 金属——在展示搭建工程中的应用

金属材料是指一种或一种以上的金属或金属元素与某些非金属元素组成的合金的总称。与其他材料相比,金属具有较高强度,优良的力学性能,坚固耐用,这一优势使得金属可以做成极细的断面又可以保持较高强度。金属表面具有独特外观,通过不同加工方式,可形成具有光泽感和夺目的亮面、亚光面以及斑驳的锈蚀感,金属的加工性能良好,可塑性和延展性好,可制成任意形状,除了塑料,没有其他材料可以被塑造成如此多的形状。金属具有极强的传导热、电的能力,大多数暴露在潮湿空气中的金属需做保护(喷漆、烤漆、电镀等)处理,否则很快即会生锈、腐蚀。金属还可通过铸锻、焊接、穿孔、弯曲、抛光、染色等多种工艺对其进行加工,赋予其多样的外观。

金属一般分为黑色金属(包括铁及其合金)和有色金属两大类,用于装饰的金属材料主要有钢、铁、铜、铝及其合金,特别是钢铁和铝合金被广泛用于搭建工程,这些金属材料多被加工成板材、型材来加以使用。

9.5.1 黑色金属材料

1)铁

铁的使用在人类历史上具有划时代的意义,在铁被用做建筑材料之前,就已被制成各种工具及武器。铁有较高的韧性和硬度,主要通过铸锻工艺加工成各种装饰构件,对于铁在建筑装饰及结构上的运用,在维多利亚时期及新艺术运动时期就进行过积极探索,常被用来制作各种铁艺护栏、装饰构件、门及家具等。含碳 2% ~5% 的称为铸铁,铸铁是一种历史悠久的材料,硬度高,熔点低,多用于翻模铸造工艺,将其熔化后倒入沙模可以铸成各种想要的形状,是制造装饰、雕刻的理想材料。模子做好后,重复一个复杂的设计既廉价又高效便捷,含碳0.05% ~2%的铁称为锻铁,硬度较低,熔点较高,多用于锻造工艺。

2)钢材

钢材是由铁和碳精炼而成的合金,和铁比较,钢具有更高的物理和机械性能,具有坚硬、韧性、较强抗拉力和延展性等优点,大型建筑工程中钢材多用以制成结构框架,如各种型钢(槽钢、工字钢、角钢等)、钢板等。钢在冶炼过程中,加入铬、锌等元素,会提高钢材耐腐蚀性,这种以钢为主要元素的合金钢就称为不锈钢。目前,建筑装饰工程中常见的不锈钢制品主要有不锈钢薄板及各种管材、型材。不锈钢板厚度在2 mm以下使用最多,其表面经不同处理可形成不同的光泽度和反射性,如镜面、雾面、拉丝、镀铁以及花纹板等。为提高普通钢板的防腐和装饰性能,近年来开发了彩色涂层钢板、彩色压型钢板等新型材料,表面通过化学制剂浸渍和涂覆以及辊压(由彩色涂层铜板、镀锌铜板辊压加工成纵断面呈“V”或“u”形及其他类型,由于断面为异形,平板增加了外皮,且外形美观)等方式赋予不同色彩和花纹,以提高其装饰效果。不锈钢制品多用于建筑屋面、门窗、幕墙,包柱及护栏扶手、不锈钢厨具、洁具、各种五金件、电梯轿箱板的制作等,吊顶中大量使用的轻钢龙骨、微穿孔板、扣板也多是由薄钢板制成。

9.5.2 有色金属材料

铝属于有色金属中的轻金属,银白色,重量极轻,具有良好的韧性延展性、塑性及抗腐蚀性,对热的传导性和光的反射性良好,强度较低。为提高其机械性能,常在铝中加入铜、镁、锰、硅、锌等一种或多种元素制成铝合金,对铝合金还可以进行阳极氧化及表面着色以及轧花等处理,可提高其耐腐及装饰效果。

铝合金管材、型材,多用于门窗框护栏、扶手、屋面板、各种拉手、嵌条等五金件的制作。铝合金装饰板多用于墙体和吊顶材料,包括铝塑复合板、铝合金扣板、微孔板、压型板、铝合金格栅等。

9.6 涂料——在展示搭建工程中的应用

涂料是可涂覆于构筑物表面晾干后结成膜,具有装饰性和保护性(如防水、防火、防锈、防腐、防静电涂料等)或其他特殊功能(如吸音)的物质。涂料的施工工艺简便,可用于任何材料的表面,色彩丰富,可调成任何所需的颜色,且工效高、经济性好、自重轻、维修方便,因而应用极其广泛。20 世纪 60 年代以后,又相继研制出人工合成树脂和人工合成稀释剂,以及以水为稀释剂的乳液型涂料,价格大大降低,施工简单,安全无味。这时油漆已不能代表其确切含义,故改名为"涂料",但人们仍习惯上将溶剂型涂料称油漆,乳液型涂料称乳胶漆。

国外近年来还致力于发展新型、功能型、环保型涂料,并十分重视减少涂料中的有机挥发物的含量。今天的建筑涂料已由过去的平面和色彩单一向立体感、多色互套花纹图案、凹凸变化以及弹性、吸音等方面发展。涂料可根据需要做成亮光、有光、半光、丝光和无光等。通过不同涂布方式也会形成不同的色彩和质感,选择亮光虽然可产生富丽豪华效果,但同时也容易显示涂层的不平整,且容易产生眩光,施工时应根据被涂表面的性质、使用环境条件、涂刷部位等具体要求选择相应涂料,符合装饰性耐久性及经济性等原则。

9.6.1 涂料的组成

涂料由多种物质组成,各组成部分功能各不相同,不同种类涂料其组成成分也有很大差别,总的来说主要包含颜料、成膜材料和溶剂三部分。

1) 颜料

颜料主要是使涂膜具有色彩和遮盖力,还可提高涂膜强度耐久性。清漆中则没有颜料成分而呈现透明效果,适于表现木材的特有纹路。

2) 成膜材料

成膜材料也称胶结剂、固着剂,通常是各种油料、树脂,主要起黏结作用,是将涂料中的其他成分黏结成一体,并附着于被涂表面形成的坚韧的涂膜。因此,应具有一定的化学稳定性和机械强度。

3) 溶剂

溶剂也称稀释剂,即分散介质,具有调节涂料稠度、增加其渗透能力,改善化解性能等作用。通常是各种有机溶剂(如天拿水、香蕉水、松香水、酒精、汽油等)或水,既能起溶解作用又易于挥发使涂膜固化。另外,为了改善性能,涂料中还有催干剂、固化剂、增塑剂、阻燃剂等其他辅助材料。

9.6.2 涂料的分类

1)溶剂型涂料

溶剂型涂料是以各种有机溶剂为稀释剂,以高分子树脂为主要成膜物质的挥发性涂料。漆膜的硬度、遮盖力、光泽性好,耐污、耐水、耐冻、耐酸碱,对被涂物体具有较强的保护作用,多用于木材和金属材质上,如建筑门窗、家具等处,但其透气性差,且易燃,并会持续挥发对人体有害的气体而污染环境。目前,人们正在试图对其加以改良和取代。

2)水性涂料

水性涂料是以水为稀释剂的建筑涂料,无毒、环保、透气性好,并且几乎没有什么气味,但耐水、耐污、耐候性、耐洗刷性较差,一般只用于内墙。建筑涂料的水性化是21世纪建筑涂料发展的必然方向,美国的建筑涂料已实现以水性涂料为主,这种趋势还会继续下去。根据主要成膜物质在水中分散方式的不同,水性涂料又可分为乳液型、水溶胶型和水溶性涂料。其中,乳液型涂料,又称乳胶漆,在20世纪70年代后迅速发展,并在涂料中占相当重要的地位,它以合成树脂乳液为主要成膜物质,可用做建筑的墙面和天花的涂饰,乳胶漆在生产、使用中有机物挥发量很低,造成环境的污染较小,属环保型涂料,并可以简单擦拭,比较适合用于内墙墙面、天花等处,是目前应用较广泛的内墙涂料。

(1)按使用位置分类

按使用位置分类,可将涂料分为外墙涂料,内墙涂料、地面涂料和顶棚涂料等。

(2)按使用功能分类

按使用功能分类,可将涂料分为防火涂料、防水涂料、防霉涂料、保温涂料、防虫涂料等。这些涂料一般不以装饰功能为主,而主要以某种特殊功能为主,所以也称特种涂料。

3)常用地面装饰材料

地面涂料的种类较多,包括薄质的溶剂型地面涂料,近年来又出现一种新型的附地装饰材料,主要品种有环氧树脂涂布地面、不饱和聚酯涂布地面等,通常采用刮涂,其涂层较厚,硬化后可形成整体无接缝地面,又称无缝塑料地面或塑料涂布地板。具有施工简便,造价较低,整体性好,自重轻等优点,并且耐磨、耐腐、耐擦洗以及弹性韧性好、抗冲击、抗渗,可在地面涂刷各种图案和色彩。

9.7 铺贴类材料——在展示搭建工程中的应用

9.7.1 陶瓷地砖

陶瓷地砖包括陶砖、瓷砖、陶瓷及玻璃马赛克等。地砖有多种色彩、花纹、形状可供选择,地砖还具有防水、防腐、耐热、强度高、耐磨、容易维护等优点,但不具弹性,不保温及吸声性差。适用于人流较大以及潮湿等环境,如门厅、商场及餐饮、厨房、卫浴等处。

9.7.2 石材

天然石材常用的有大理石、花岗岩等,厚度多为 20 mm 左右,大小则可根据空间尺寸来定。其表面既可抛光,也可凿毛或烧毛处理,石材耐磨损,视觉感官精美豪华,不同类型石材常常混用,通过不同色彩、质感、线形变化达到独特效果。铺贴时应注意色差,浅色石材里侧还应涂柏油底料及耐碱性涂料,以防水泥砂浆的灰泥渗出。还有水磨石等人造石材地面,但目前使用已不多见。

9.7.3 地板

地板包括实木地板、竹地板、复合木地板及塑料地板等。木地板指表面由木板铺钉或胶合而成的地面,因具有重量轻、温暖、弹性、外观自然等优点而受欢迎,但不适合过度潮湿的环境,适用于住宅、办公等空间使用。

1) 实木地板

实木地板多为实心硬木制成,弹性好、脚感舒适、自重较轻、保暖性好、外观自然,少数有节疤和色差等,通常还会产生一种“缺憾美”,实木地板随温度和湿度的改变容易胀缩变形。实木地板包括条木地板和拼花木地板等,还包括通过直接等方式制成的集成地板。条木地板可凸显摊位的长度,拼花木地板可在地面拼出不同的图案,丰富视觉感受。

条木地板的外形为长方形，在纵向和横向的侧面都有启口或错口，背面还加工有抗变形槽，常用宽度为50～150 mm，厚为20～40 mm。目前市场上该类地板占主导地位，拼花木地板是运用较短的小木条通过不同方向和色彩组合来镶拼成各种图案。花纹的单元形，其形状呈方形，图案包括席纹、菱纹、阶梯纹、斜纹等多种，可现场拼装或工厂预制成型。拼花木地板可分为单层和双层两种，面层均为硬质木材，下层为毛板层或用丝网、牛皮纸、塑料膜胶结。

2）竹地板

竹地板是20世纪80年代兴起的地面装饰材料，我国有丰富的竹资源可供利用，可节省、代替木材，用竹材制成的地板，不但自然美观、硬度大，还具有防潮、耐磨、防燃、弹性好、防虫蛀等优点，铺设后不易开裂和胀缩变形。

3）复合木地板

复合木地板是近年来国内市场上流行起来的一种新型地面材料，包括强化复合木地板和实木复合地板。强化复合木地板以中高密度纤维板为基材，由表面的耐磨保护层、装饰层以及防潮底层经高温叠压制成，坚硬耐磨、防潮、防静电、防蛀、铺装简单，有丰富多彩的花色可供选择。经过处理的复合地板还可用于地热的采暖方式，可直接浮铺于地面。每边都有插槽，利于拆卸与再安装，实木复合地板多为三层实木压合而成，也有以多层胶合板为基层的多层实木复合地板，表面采用花纹、色泽较好的硬木面层，中间层和底层采用软杂木，三层板垂直交错热压成型，以提高平整度和尺寸稳定性，并开有启口槽，有实木地板的外形特点，透气性和脚感要好于强化复合木地板。

9.7.4 地毯

地毯具有良好的抑制噪声功能，还有温暖、弹性好、防滑等优点，特殊的质地和色泽使其呈现出高贵和典雅，且图案花色繁多，铺设工艺简单，更新方便，是一种既具实用价值又具装饰性的中高档的地面装饰材料。缺点是容易滋生细菌和藏污纳垢，且不易保养。

地毯的选择，除了满足整体风格、气氛外，还应考虑使用的环境条件、通行密度、动静的负载大小及价格等问题。通行量大、负载大，应选用耐磨、耐压、回弹性好、耐污性能好的地毯，广泛用于特装摊位内地面的铺贴。

现代地毯通常按其规格尺寸、材质、编织工艺、图案等进行分类。

1)块状地毯

块状地毯是裁切成小块的地毯,形状多样,常见有正方形、长方形、圆形、椭圆形等,大多有醒目的花纹图案,与家具配合来划分空间,往往有包边处理以防松脱,利用自重浮铺于地面,很少固定,铺设方便灵活。还有一种地毯砖,背面有硬质橡胶底垫,可利用不同花色的毯块,通过组合搭配能形成不同的图案,块状地毯可随意移动和更换,且容易清洁。

2)卷材地毯

卷材地毯是整幅成卷的地毯,幅宽在1~4 m之间,长度20~25 m不等,通常整卷或按码出售,使用时可根据空间尺寸进行裁切或连接,适用于大型空间满铺使用,容易体现宽敞、整体气氛,由于通常固定于地面,损坏后不易更换。

9.7.5 常用墙面装饰材料

用于墙面的装饰材料品种繁多,主要包括壁纸、墙布、灰浆、涂料、陶瓷、木材、石材等。

1)壁纸

将针织材料、合成材料、金属材料或天然材料复合在纸基上用来装饰墙面的装饰材料,称为壁(墙)纸。现代壁纸有许多合成材料和纤维材料可供选择,并且更加耐磨、耐擦洗以及更容易被粘贴和撕除。大多数壁纸是在纸上彩印网步压花制成,壁纸的色彩、纹理、质感多样,可有效掩饰墙面的缺陷,还有专门设计的配套饰条以创造颜色、花纹的变化。施工时工效高、工期短,壁纸不仅广泛用于墙面装饰,也可用于顶棚饰面,是目前国内外使用量较大的一种饰面材料。

现代壁纸材料分为纸、塑料、织物三大类。

早期的壁纸为纸基纸面,不耐水,强度和韧性差,较易损坏,因而已基本被塑料壁纸取代。

塑料壁纸是目前应用最广泛的一种壁纸,根据基层材料的不同,分为全塑或以纸基、布基或其他纤维材料为底,面层镀有一层透明的聚乙烯薄膜,经过复合、印花、压花或发泡等工艺制成,表面可制成各种色彩、图案和丰富的凹凸纹理变化。塑料壁纸有较强的弹性,具有防水、耐擦洗、耐磨、结实、耐拉扯等优点,但也会导致空气干燥和影响空气新鲜程度。织物壁纸是以棉、麻、丝、毛、麦秆、蒲草、芦苇等天然或化学纤维为原料，经纺织、编织而成各种色泽花式的粗细纺线或织物，复合于纸基等载体上制成，吸音、隔热、立体感强，质感独特自然，富于装饰性，表面还可涂刷涂料，但容易累积灰尘，染上脏污也不易清洗。另外，还有某种特殊性能或特殊装饰效果的壁纸品种，特种壁纸也称功能壁纸，如防火、耐水、防静电壁纸以及彩色沙粒壁纸、金属壁纸等。

2) 墙布

墙布多以棉、麻、丝、毛、化纤等原料制成，几乎所有织物都可用于墙面，可起吸音、保暖作用，同时色彩、图案多样，能为墙面增加质感。目前国内常用墙布有以下几种：以人造化学纤维或化纤与棉纱混纺织成的化纤装饰墙布；以棉、麻等天然纤维或涤蜡等合成纤维经无纺成型制成的无纺墙布；以纯棉布为基材经过处理，印花、涂布耐磨树脂等工序制成的棉装饰贴墙布；以锦缎、丝绒、呢料等高级饰面材料制成的贴墙布；以玻璃纤维为基材制成的玻璃纤维贴墙布，还具有防火、防水功能。

3) 纸面石膏板

纸面石膏板是以建筑石膏为主要原料，掺入适量的纤维与添加剂制成芯材，与特制的护面纸黏结制成的薄片状材料，具有保温隔热效果好、吸声隔音、防火、易加工、收缩小等优点，接缝处可用胶带或脚线封上。目前被广泛用于吊顶和隔墙等处，是目前用量较大的基层板，经过处理的防水石膏板，还可用于潮湿环境，可直接安装于龙骨接缝，钉头处须用灰泥补上，表面可涂刷或裱糊处理。

9.7.6 常用天花装饰材料

广义上讲，如果没有功能限制，一切固体材料都可以作为吊顶材料来使用，建筑室内的天花除了直接式顶棚，多数情况还是采用悬吊式顶棚。直接式顶棚可使用涂料、壁纸、墙布等饰面材料在空间上部的结构底面直接进行装饰，而悬吊式顶棚除了要使用上述饰面材料外，还需要有吊筋、龙骨及装饰面层等组成的复杂的吊顶系统，这些材料多为工厂预制，因此施工方便快捷。

1) 龙骨

龙骨是吊顶的支撑骨架，承受吊顶的全部荷载，常用的吊顶龙骨有木龙骨和轻金属龙骨。木龙骨常以松木或杉木为材料，容易加工，并能够制成各种复杂造型,但由于木材易燃,表面须做防火处理,轻金属龙骨包括由镀锌薄钢板(带)或彩色喷塑钢板轧制成的轻钢龙骨以及用铝合金板材加工成的铝合金龙骨两类,产品系列化,配件齐全、安装简易、快捷,并具有刚度大、自重轻、防火等优点。轻钢龙骨,按其型材断面分"U"型、"C"型、"T"型和"L"型龙骨。其中"T"型龙骨的底面根据处理方式的不同,分为烤漆或不锈钢,广泛用于明龙骨和半明龙骨活动式装配吊顶。"U"型和"C"型龙骨适合于隐蔽式装配吊顶,"C"型龙骨还可利用自身的尺寸变化组成开敞式吊顶。铝合金龙骨根据面板安装方式的不同,分龙骨底外露和不外露两种,前者称明式龙骨吊顶,后者称暗式龙骨吊顶。"T"型龙骨面板安装后外露的一种,既是吊顶承重构件,又是饰面压条,与带企口的石膏板、矿棉板、铝合金板组成吊顶系统。

2)覆面材料

覆面材料是指应用在吊顶表面的材料,可分为基层板和装饰板两种。基层板须在其表面进行相应装饰处理,如裱糊壁纸、涂刷涂料等;装饰板则由于自身存在色彩、花纹、肌理而无须再做饰面处理。如使用玻璃和塑料等透明、半透明反光材料,自然或人工光线可以透过天花板,使整个空间照度均匀,还可看到天空;而使用镜片,会使空间显得高些,这对于低矮空间非常有用。

3)常用天花覆面板

(1)石膏板、矿棉板

石膏板包括纸面石膏板、装饰石膏板。纸面石膏板表面可进行涂刷、裱糊处理。装饰石膏板是以建筑石膏为主要原料,掺入纤维与添加剂,经浇铸成型制成的装饰板,板面可为平面、带孔或浮雕图案。

矿棉板是以矿渣棉为主要原料,加入适量胶粘剂等辅助材料,经热压、烘干、饰面等工艺而制成的,表面花纹有滚花、压花、立体满天星等,无需再做饰面处理。矿棉板有很好的吸声效果,以及质轻、防火、保温等优点,施工方便,边上多用企口或搼槽与龙骨配合,分明架、暗架两种,明架矿棉板直接搁置在龙骨上,暗架矿棉板插入龙骨中。

(2)金属装饰板

金属装饰板是由一定厚度的金属板(多为不锈钢板、镀锌铜板、铝合金板)为基材经冲压成型,表面通过镀锌、涂塑和涂漆以及打孔等方式制成的吊顶材料。金属板自重轻、强度高、防潮、构造简单、组装灵活,通过搁置、卡接、钉固等方式与龙骨连接配合,包括各种金属条板、金属方板、金属微穿孔吸声板(利用孔洞可吸音降噪)、金属格栅、铝塑板等。

思考题

1. 请组织调研本地装饰材料市场,制作上述章节中各种材料单价清单。
2. 常用地面装饰材料包括哪些?
3. 在展示设计中,常用的玻璃分类是哪些,常用的金属材料分类是哪些?
4. 哪种材料具有降低噪声功能?

第10章

展场项目管理与展会指定物流代理服务

【本章导读】

本章对会展物流服务和展场管理做了较为深入的解析，并配以国际国内的标准代理服务方式、收费标准、现场管理及预算依据等，使读者具备展场管理的基本意识，认识到物流服务和展场管理的重要性。

【关键词汇】

物流服务　现场管理

在筹展期间，一些展示设计或搭建工程公司要向参展商投标，拿出规划设计图和预算、报价单。重要的博物馆、主题展馆都要进行正规的招标评审活动。所有投标单位（设计院和展览公司等）都要展示和陈述自己的设计方案、调研材料、设计依据与理由，并提交整个展示工程的“设计、施工方案和项目预算书”。经过专家评议，提出预选方案名单，最后给领导审定，选定某个设计方案；或者采取几家邀标方案进行综合，提出改进性方案。待方案确定，进行施工准备。在选定方案的过程中，各设计单位的预算报价是重要因素。哪个投标公司的预算报价合理，费效比合理，哪家公司的中标几率就高。中标公司与甲方（办展单位）签订施工合同，然后按合同拨款、购买材料，做施工计划，进行制作搭建。

10.1 展示工程造价概算方法

根据国外举办展览会的惯例，设计、搭建的费用预算都是用场地租金作为计算的基数，这是概算方法。虽然不是那么精确，但大致相当，但对于搭建商而言，资金是工程能否顺利完成最根本的保障，是搭建执行环节中的重中之重。

1）费用概算

大致的总开支是场租的 5 倍。其中包括场租、设计费、材料及制作费、运费、差旅费、仓储费和税金等主要项目，不含雇用人员费用。这是办展的最基本的费用，不是全部费用。

2）费用精算

精确的总开支一般是场租的 7 倍，其中包括各项经费支出尤其是雇用人员费用。参照国外的标准和习惯，雇用人员薪酬普遍偏高，不仅是按小时计酬，而且要将人身保险费计入。

3）出国办展造价详算

投标单位要列出简明、精确可信的预算、报价清单，呈送给展会主办方（或招标单位）。展示搭建工程预算报价单的格式由于国内外还没有严格的统一规定。此处只能将包括的项目中所占比例逐一罗列：

（1）场租

场租约占总支出的 20%（即 1/5），此处以场地面积 30 m^2 计算，面积加大会有加收。

(2)器材、设备

器材、设备费大约占总支出的15%,具体指的是购买器材、制作展具费用或租用展具、地毯、工具、演示器材、电器、通讯器材、花草和旗帜等的费用。场馆不同、时间不同、材质不同时费用也会有较大的差异。

(3)行政费

行政费包括办公场地租金、水电费、电话费、清洁费、保安费、办公用品费、保险费、煤气费以及冷藏费等,约占总开支的17%。

(4)运输费

运输费约占总支出的8%,是指采用海运或陆运的方式将展品和辅助道具门对门运送到目的地(展览中心),其中包括海里或公里运费及集装箱价格的总费用。

(5)仓储费

仓储费约占总支出的5%,是开展前在仓库中按天数储存的保管费用。

(6)报关费

报关费约占总支出的7%,有的还要付商检费和动植检费。

(7)税金

按我国规定,展示设计公司需将自己设计布展收入的7%上缴工商管理部门作为税金。

(8)宣传费

宣传推广费约占总支出的3%,其中包括展会的广告、招牌、样本、请柬、新闻发布、小礼品和促销活动等所分摊的费用。

(9)差旅费

差旅费约占总支出的6%,其中包括筹办展会的差旅费、住宿费和招待费等。

(10)设计费

展览摊位或展台的艺术造型设计费占总经费开支的12%。此价格要视搭建公司的收费高低而定,部分搭建商将此项费用单列。

(11)展会现场杂支

办展期间临时性雇用人员薪酬、正式雇员的薪酬、现场提供咨询专家薪酬、临时工人和正式员工人身保险费,即雇用人员费是占总预算约 1/3 的追加费用。

4) 国内办展造价详算

筹办展览的预算书要写出参展的意义、时间,投入的人力、财力情况,费用类别、项目、内容、单价与总价,要列出详细的附表。办展所需的经费有以下 12 类。

(1) 注册费

注册费包括报名费和会刊费两个方面。报名费至少为 200 元,领取搭建及工作人员出入展览场馆的出入证,车辆出入的证件。

(2) 场地租金

场地租金包括室内或室外展地租金(仅地表占地面积每天每平方米的租金为 5 ~ 12 元)、摊位费(搭建完成的国际标准摊位 $3 \times 3\ m^2$,每平方米收费约在 450 ~ 750 元不等)、展场内用电取费(电压 380/220/110 V,每度电的费用为 1 ~ 3 元)、展场内保安费(在开展期内,1 个保安员每天 100 ~ 1 300 元不等)和清洁费(在开展期内,每个清洁工每人每天 20 ~ 80 元不等)。

(3) 展示设备租赁费

由于各个展馆征收的各种设备的租赁费标准不一,无法一一列举,但此项费用不可忽视。

(4) 设计费

设计费包括设计图、模型、大型喷绘平面图文设计费和图文演示等,约占总预算的 15% ~ 20%。

(5) 制作费

制作费包括材料费、加工费、人工费、管理费和辅助材料费等,约占总预算的 10% ~ 15%。

(6) 税费

税费包括营业税、增值税和市政建设税等,按规定计取,占总预算的 7%。

(7) 运费

运费包括水、陆、空运费,按 150 ~ 500 元/m^3 · kg 计算。此外,还包含装卸费。

(8)仓储费

仓储费按每立方米或每千克每天 20～100 元计算。

(9)差旅费

差旅费包括交通费,各地区执行的财务标准不同,此处无法一一列举。

(10)其他开支

其他开支包括开幕式(布置场地、鲜花、音响、礼仪和服务等支出)、举办会议(会场布置、音响、服务等项支出),还有参加大会组织的旅游、参观或考察活动,按天计算费用。

5)投标方的报价项目和清单

投标的设计公司需向甲方(招标单位)提交的报价单包括以下项目。

(1)设计费

根据展览摊位面积的大小、承担的设计项目内容(摊位形态、展具、模型和版面等)列出各项费用及总和。

(2)制作费

制作费包括由该展示公司制作的展具、版面、模型和招牌等费用,按材料费、加工费、人工费和管理费等分项列出单价、数量和金额。

(3)税费

税费依照国家规定按总报价的 7% 计取。

(4)运费

运费包括按常规价格收取材料运费、成品运到展馆的费用和装卸费。

(5)利润

按国家有关部门的规定设计公司被允许的利润比例占总报价的 3.9%。

(6)布展费

有的公司单独列项收取布展费,也有的公司不再收取该费用,而是将其包含在设计费和制作费当中。

6)展览搭建工程合同的签订内容

(1)展示搭建工程的具体项目内容

展示搭建工程的具体项目内容包括摊位和子项目内容道具、展板图文设计内容、模型或沙盘、照明方式、多媒体音影制作,展演设备等,应将所列各种细项表述清楚明确具体。

(2)详细列明制作周期中的安排

安排中应列明各时间节点,验收方式、运输方式和撤展时间、安全保障等细项。

(3)工程费用与支付

各项制作的单价、合计和总计金额、付款方式(现金或支票)、要逐一列明。分期时段和工程进度支付比例。

(4)双方的权利、义务和责任

双方违约仲裁机构确认,须明确安全事故责任归属。

10.2 搭建工程施工环节的安全保障

10.2.1 施工中的安全

展会中的施工包括很多方面,每一步都要注意安全,避免发生任何事故。

1)场外制作及试搭

要避免发生参与搭建的人员摔伤、砸伤、被机电工具伤害,要注意用电安全和防火(场外制作车间禁止吸烟和明火)。

2)场内正式搭建

搭建摊位、布置展柜和展架,特别是二层楼楼面及梯道施工中,一定要确保承重结构布置合理可靠、用材可靠、施工环节严格,各种电器及设备供电线路绝缘密封,提高设防标准;确保摊位主结构在开展期间稳定安全,避免倒塌和伤及观展群众;保证搭建过程安全施工,确保施工人员不发生人身事故和损伤展品。

3)撤展阶段

由于场馆展期约定各参展单位必须在指定的时间撤完摊位、展具和展品,因此撤展阶段十分紧张混乱。所以,撤展时一定要有组织、有计划地进行工作。

要先撤展品,再撤展具,最后拆除展览摊位。工作中既要避免发生人身事故,又要克服损伤展具和展品的状况,还要避免展品丢失或拿错的现象,避免与相邻摊位产生纠纷。

4)运输环节

在装车、卸车和搬运过程中都要避免发生伤人或损伤展品、展具的事故。包装要安全可靠,包装箱不要过重。尤其是对外厂加工的道具、展板、设备和展品一定要采取分散包装,统一编号,妥善管理。

10.2.2 防火安全

展览会、博物馆、剧场、旅游景点和集会场所等都是人比较集中的地方,如果发生火灾,后果不堪设想。因此,活动的领导者、组织者和设计师必须重视这一问题。

1)保证用电安全

①用电负荷不要超过允许的负荷以免因断电引发事故。

②选用的导线、插座、插头和开关等电气器材都应是优质产品,才不会在使用中引发火情。

③选用的灯具和电光源产品应该是节能的、不产生巨大热量的,没有诱发火险的可能性。

2)使用材料上的安全

①展厅的建筑用材及装修材料应该具有防火性能或者经过防火技术的处理。

②制作摊位、展具的用材也应具有良好的防火性能(耐热、阻燃),最好不用易燃的木板、纸板、纤维板、装饰布和地毯等。

3)气源和火源的控制

在展览场地内,使用的氢气、氯气和煤气等可燃和可能引起爆炸的气源,其管线、开关、燃气具都要安全可靠,使用时要小心,并且定期检查维护,所在区域要禁止明火。

4) 安全防火通道

摊位隔断与展馆建筑结构墙体的距离要大于等于900 mm以便管理人员顺利到达配电箱(盘),危急时可以及早拉闸断电,还要有消防器材。

5) 应急安全照明系统

博物馆和展览馆等人流集中的场所必须安装应急安全照明灯具,以确保在发生停电、地震或火灾等状况时让人员安全撤离现场并转移出贵重的展品。

10.2.3 防盗与保险

在展览场所,防止展品,尤其是贵重的展品被盗,是个被普遍关注的问题,要采取多种措施来预防展(藏)品被盗,还要给贵重的展品办理高额的保险。

1) 展(藏)品防盗的措施

首先是使用可防盗的安全展柜,采用坚固的材料、科学先进的构造及装暗锁,使窃贼不能轻易打开展柜。其次,展厅要安装可靠的防盗门,须用专门的磁卡和识别技术才能打开门。再次,展厅内和展柜里要安装远红外防盗装置,做到及早发现和报警。最后,有天窗、侧窗的展厅,也要使窗子具有良好的防盗性能。

2) 贵重展品要办保险

博物馆收藏的珍贵文物(青铜器、瓷器、玉器、古币和珠宝等)和绘画,画廊收藏的名贵绘画作品(油画、国画、水粉画、铜版画和壁画等),来华或出国展出的国宝级文物、珠宝、首饰、绘画作品和工艺品等,都要根据它们的历史和艺术价值办理等值的保险,一旦发生损坏或丢失,可以索取相应的保险金。

3) 避免拥堵和损伤事故

在展览会、博物馆、主题展馆中,由于参观者较多,极容易发生拥挤踩踏事件,因此造成展具、展品损坏,观众被踩踏、摔倒或死伤的事故。展示活动的组织者和设计师一定要注意避免这类事故的发生。

10.3 展会指定物流总代理及服务

通常大型展会组委会会指定展会的国内、国际参展商物流服务代理公司，由这家公司负责展会期间所有参展商的展材展具、展品以及相关设备的运输服务。参展商在指定时间内填写运输委托书交由物流指定公司统一安排调度货品的运输。

10.3.1 物流总代理必须提供的基本信息

展会组展单位须提供指定物流总代理公司基本信息内容，其信息基本内容如下：

1) 国内运输

指定物流总代理公司全称(中文)
地址：须详细标明办公地址、门牌号码、邮政编码等基本信息。
例如：中国××市××路××号×楼×座(000000)
仓库地址：须详细标明仓库地址、门牌号码、库房编号等基本信息。
例如：××省××市××路××弄×号××号××仓库×号库
联系人：某某先生、某某小姐
电话：86－21－88888888、88888880
传真：86－21－88888881
电子信箱：trans@ vigator. com

2) 国际运输

指定物流总代理公司全称(英文)
地址：须详细标明办公地址所在国家或地区、城市名称、街区的门牌号码、邮政编码等基本信息。
例如：美国纽约××道×号××中心×楼××××室
联系人：某某先生、某某小姐
电话：001－212－33333333
传真：001－212－22222222

电子信箱:trans@ vigator. com

国际物流总代理必须在展览现场设立现场服务处,并标明指定服务处设立的准确位置。

10.3.2 服务内容及收费标准

展品到达国内口岸后的运输和进馆现场服务(指从港口、机场、车站提货至展位)如下:

(1)服务内容

①展品到达展场所在地后有关文件处理;

②展品从展场所在地各口岸运送至展馆现场存放点;

③进馆前存放展品并在开馆后送至展位;

④帮助参展单位开箱并安放重件(不含组装);

⑤运送空箱和包装材料至展馆现场存放点保存。

(2)收费标准

①水路/陆路(从口岸码头、车站、客户仓库到展位):依据上海标准计价,人民币 200 元/m^3 或 0.2 元/kg(人民币 400 元/运次起运,以体积或重量较大者计费)。

②空运(从口岸机场到展位):依据上海标准计价:人民币 2 元/kg(人民币 400 元/运次起运)。

凡托运的展品需在进馆前 5 天到达展场所在地。参展单位必须在货运安排后传真指定物流总代理公司,告知有关货运信息(包括发货日期、预到日期、运单号、车皮号总件数、体积及重量)。水运提单、铁路领货凭证的正本,需快递指定物流总代理公司,空运需将空运单副本传真指定物流总代理公司单位,否则由此造成的延误后果参展商自负。

10.3.3 进馆现场服务(指从展厅门口接货至展位)

1)服务内容

①帮助卸车并将展品送至展位;

②帮助参展单位开箱并安放重件(不含组装);

③运送空箱和包装材料至展馆现场存放点保存。

2)收费标准

依据上海标准计价:人民币 100 元/m^3 或 0.1 元/kg(人民币 100 元/运次起运,以体积或重量较大者计费)。

10.3.4 闭馆现场服务

1)服务内容

①展览期间帮助参展单位保存包装材料并在展览结束后运回展位;
②帮助参展单位装箱并运送至展厅门口;
③帮助参展单位运至展厅门口装车。

2)收费标准

依据上海标准计价:人民币 100 元/m^3 或 0.1 元/kg(人民币 100 元/运次起运,以体积或重量较大者计费)。

3)超重件额外附加费(超重部分收费见表 10.1)。

表 10.1 超重件额外附加费

单件毛重/kg	进 馆	闭 馆
2 000 ~5 000	人民币 0.16 元/kg(依据上海标准计价)	人民币 0.16 元/kg(依据上海标准计价)
5 001 ~10 000	人民币 0.36 元/kg(依据上海标准计价)	人民币 0.36 元/kg(依据上海标准计价)
>10 000	费用另议	费用另议

注:①上述报价适用于国内展区国内货物。
②每件展品尺码不超过:长 =5.50 m 宽 =2.20 m 高 =2.50 m,超过以上任一尺码另外加收 20% 附加费。
③空运货物计费重量大于实际重量时,按计费重量收费(重量为 1 000 kg 的货物体积不超过 6 m^3)。
④如有特殊要求,包括运用吊机等,可向指定物流总代理公司索取有关服务的报价。

4)注意事项

参展商如有危险品寄到展场,则应提供危险性展品情况说明书,并在货物到达展场前 15 日寄至物流指定总代理公司,危险品处理附加费是普通展品的 100%。参展商必须向当地保险公司购买启运地至展位及展位至目的地的来回运输综合险,自用汽车运至展馆也必须购买保险,以便在产生残损或短少时向保险公司索赔。

参展单位自用汽车运货至目的地,请考虑展场所在地市区对外地车辆的行驶时间限制,以便做好准备工作。

指定物流总代理公司仅负责外包装完好交货,内货质量、货损、短少,指定物流总代理公司不负责,请参展单位向保险公司办理索赔。

请参展商切记:在展品外包装上写上展览名称及展位号。

5)责任范围

指定物流总代理公司单位服务均遵照标准营运契约规定:凡在物流指定总代理公司照料、监管期间,有足以证明由于指定物流总代理公司的过失而产生的展品灭失、短少、残损,物流指定总代理公司承担赔偿责任,指定物流总代理公司按照行业惯例设定最高和最低赔付标准。

10.3.5 展会现场空箱管理

1)展场中必须指定空箱存放位置

按消防部门要求,搭建、布展期间应及时清理杂物,所有空箱及包装材料须存放在指定的堆放处,若放于其他地方,将被展场清洁人员视为无主垃圾而被清运。

2)空箱打包

为了给参展商提供方便的服务,展览办公室委托物流指定总代理公司负责为参展商存放空箱,参展商尽可能将空箱压缩折叠,并将空箱打成捆,物流指定总代理公司将派人协助打包并做标记。

3)指定空箱取用时间

为了维护展览的整体形象和保证安全,在展览期间不允许取用空箱。参展商必须在指定时间以后取用空箱。为了提高效率,取用空箱可采用由参展商自取和物流指定总代理公司送空箱到展位相结合的方式。

10.4 摊位进场搭建的现场管理

10.4.1 基本管理规定

①参展单位须遵守中华人民共和国法律及公安、海关、商检等有关部门的政策法规。遵守展览办公室和展馆的有关规定(包括本展览手册之所有内容)。

②展会属国际性专业展览,只准展示和交流洽谈,不允许零售;不许展示与参展范围无关的产品。有上述情况之一者,主办单位有权没收展品并不予退回展位费。

③参展单位须携带营业执照副本备查(无企业法人执照或营业执照的单位不具备参展资格)。

④展览期间不得转让、拼接展位,一经发现,展览办公室有权收回展位,并对展位申请单位予以处罚。转让或拼接展位出现的全部责任由该展位原申请单位承担。

⑤除展览办公室认可的采访人员外,对展位、展品进行摄影、录像均应事先征得该参展单位的同意。展览办公室认可的采访人员将佩戴由展览办公室发放的采访证。

⑥需 24 小时供电的电器须事先向主搭建单位申请,需要延时断电、断水、断压缩气、断电话者须事先向主搭建单位提出申请。

10.4.2 音量与演出管理

1)音量管理

参展单位在展位旁通道中央的音量不得超过 70 分贝,各参展单位应自觉控制展位内音量,若超过规定标准,展览办公室将给予警告,警告后仍然违反的,展览办公室有权断电。

2)演出管理

在展位举行演出的参展单位应向展览办公室提交书面材料,注明演出时间、内容、人数,由展览办公室向公安部门一并申报。逾期展览办公室将不再申报,由参展单位自行申报,获得批复后方可演出。未获批准而擅自演出者,主办单位有权对该展位断电。

10.4.3 进场搭建的程序

1)登记与报到

(1)登记和胸卡

进场前展会将给每位参展人员制作、寄发印有单位名称、姓名和职务的胸卡。胸卡可在布展、展览、撤展期间通用,无胸卡者是不能进入展馆。为了及时获得胸卡,各参展单位须提前登记。

①登记。参展单位须填写参展人员登记表,并于开展前传真至展览办公室。逾期登记或不登记的参展单位只能现场打印胸卡,无姓名和职务。

②胸卡。展览办公室将给预先登记的参展人员寄发胸卡,数量限定见表10.2。

表10.2 胸卡发放表

展位类别	胸卡数量	备 注
3 m×3 m标准展位	3个/展位	各参展单位按限定数量申请登记,超过规定数量,每个需交纳一定工本费。
3 m×4 m展位	4个/展位	
光地特装展位	2个/9 m^2	

③参展单位邀请海外买家参观的,如需展览办公室出具"海外买家签证邀请函",应填写"海外买家签证邀请函申请表",并传真至展览办公室,展览办公室将为其办理。

(2)报到及会刊领取

①报到时间:

光地特装参展单位:某月某日至某日;

标准展位参展单位:某月某日。

②报到地点:某国际博览中心主入口厅。

③报到办法:参展单位持展览办公室寄发的"报到通知书"原件和参展人员胸卡报到。报到时应领取并核对以下资料:布展通知、撤展通知、会刊、参

展人员胸卡卡套等。

④会刊领取:每个标准展位可领取会刊1本;光地按面积折算,每9 m^2 可领取会刊1本。(依据上海展场业界行规)

2)搭建与布、撤展

(1)3 m×3 m 标准展位配置

①楣板:中英文参展单位名称楣板。

②地面:9 m^2 地毯。

③家具:1个锁柜,2把折椅,1个纸篓。

④灯具:2盏射灯,位于展架上方。

⑤电源:1个插座(13 A/220 V、5 A保险丝)。

(2)3 m×4 m 展位配置

①楣板:中英文参展单位名称楣板。

②地面:12 m^2 地毯。

③家具:1个锁柜,2把折椅,1个纸篓。

④灯具:3盏射灯,位于展架上方。

⑤电源:1个插座(13 A/220 V、5 A保险丝)。

3)标准展位布展规定

①参展单位的公司标志不包含在基本配置内,如需增加公司标志应向主搭建单位预订。

②如果参展单位需要其他配置,应向主搭建单位租赁。禁止对标准展位进行任何改建,参展单位可利用的空间只是长、宽、高比例为 3 m×3 m×2.48 m的展位内侧,任何展具和结构(包括公司标志)高度不准超过2.48 m。围板及楣板外侧和上方禁止张贴、悬挂任何宣传品和物品。禁止在通道上摆摊,如有违反,将没收展品并不退还展位费。

③未经展馆或主搭建单位同意,不得在建筑物或展架的任何部分使用钉子、胶、图钉或类似材料。否则一切损失由参展单位承担。

④标准展位配置中未使用物品将不予退款。

4)特装展位的搭建与布展

光地特装展位不提供标准展位内的配置,参展单位可选择自行搭建或委托搭建单位(以下简称搭建单位)对展位进行装修。搭建单位于某月某日某时间段凭"报到通知书"复印件或传真件到展馆入口厅办理入场手续,不办手续不能进场。

(1)搭建单位备案及图纸审查

备案:为了防止没有搭建资质的单位或个人进行搭建而造成安全隐患,参展单位必须通知展览办公室其所选择的搭建单位名称,并督促其向展览办公室备案,填写搭建单位备案表,并连同搭建单位的营业执照复印件于展前传真至展览办公室,以便备案。未备案的搭建单位将不予入场。

图纸审查:参展单位或搭建单位需在展前将展位平面图、效果图、电路图及防火建筑材料说明寄送至展览办公室,由展览办公室汇总后交展馆和安全消防部门审查。如需修改图纸,则由展览办公室将上述图纸中的一套交还给参展单位或搭建单位,并指明需修改处。参展单位或搭建单位在收到图纸的10个工作日内完成修改,并重新提交展览办公室。未经审查同意的展位将不售给施工证,不允许施工,自行施工者将不予送电。

(2)搭建单位进场

进场方法(见表10.3):经过备案的搭建单位凭"报到通知书"复印件或传真件到指定处,交纳垃圾处理押金、施工管理费,办理施工证等手续后可进场,未经备案的搭建单位不予办理入场手续。

表10.3 进场方法

步 骤	地 点	方 法
1.交纳垃圾处理押金	入口厅	收费标准:100 m^2 以下(包括100 m^2)光地为2 000元,100 m^2 以上光地为3 000元。撤展时参展单位将展位垃圾处理完毕,并经展馆验收合格后,由主搭建单位将押金全额退还。(搭建单位须事先向展览办公室备案)(以上海取费标准计价)
2.交纳施工管理费	入口厅	收费标准:国内展位:15元/m^2; 国际展位:2美元/m^2。 (以上海取费标准计价)
3.办理施工证	入口厅	凭垃圾处理押金和施工管理费收据办理施工证。 收费标准:国内展位:20元/个; 国际展位:2.5美元/个。 (以上海取费标准计价)

搭建单位如需加班,请于当天15:00前在展馆现场服务处办理,超过规定时间将加收50%费用,加班单位可共同申请。

加班费收取标准,见表10.4。

表10.4 加班费收取标准

国内展位（以上海取费标准计价）	18:00—22:00	0.9元/(m^2·h)
	22:00以后	1.8元/(m^2·h)
国际展位（以上海取费标准计价）	18:00—22:00	1.1美元/(m^2·h)
	22:00以后	2.2美元/(m^2·h)

(3)光地特装展位搭建规定

开放式布展原则:光地展位开放式布展以不阻挡周边展位视线为原则。通道对面有展位的,不能在距离展位边缘3 m以内树立高度超过1.8 m、宽度超过3 m的展板。

搭建高度限制:两家以上参展单位共用一块光地的,搭建高度不得超过4.5 m,并需与相邻展位进行协商,统一搭建高度。若搭建高度不一致,则需在对方同意的情况下对展台背面进行平整处理,以不给相邻展位带来不利影响为原则。与标摊毗邻的光地展位,搭建高度不应超过2.5 m,否则需在对方同意的情况下对展台背面进行平整处理,并不能在背面布置宣传文字或企业标志,以不给相邻展位带来不利影响为原则。

展馆限高通常在8 m以下(各展场场地尺度不同限高也不同),在光地上搭建二层展台的参展单位,须经有省(直辖市)级设计资质的设计部门设计,并由有省(直辖市)级施工资质的施工单位施工。二层展台需交纳实际占地面积2倍的展位费,未申报的二层展台一律不准施工。双层建筑的设计、搭建及拆除方案必须进场前向展览办公室申报。

5)退场拆馆

撤展期间务必看管好贵重物品,以防失窃。

①撤展时间:展览统一撤展时间为某月某日某时间至撤展结束,当天撤完为止。

②不得提前撤展:为了保证安全和维护展览的统一形象,依据国际惯例,不许提前撤展。各参展单位不得以任何理由要求提前撤展。

③出门条:为了提高撤展效率,各参展单位可派人在撤展当天某时间以

后到各馆服务处开具出门条，在撤展时间以后持出门条出门。

④展位清理：参展单位须将展位内建筑垃圾及胶带、标记残留物清理干净，否则将不予退还垃圾处理押金。若由于施工造成对展馆的损害，其修补费用由参展单位承担。

10.4.4 展品、宣传品管理规定

1）展品管理规定

①所有参展展品（包括展位内摆放的产品及张贴的宣传图片、发放的资料，下同）须拥有合法知识产权，因侵犯他人的知识产权而引发的一切后果，由参展单位自行负责。

②没有申请展位而在展馆内摆摊，或展出与本届展览会无关的展品，将一律由展览办公室没收。

③参展展品不得在展览现场进行销售。一经发现，展览办公室有权收回展位，并不退还参展费、报名费。

④展览期间不得运出展品。

⑤展品和展出内容出现质量或法律责任，全部由申请该展位的参展单位承担。

2）宣传品管理规定

①如果展会是国际大展，为了方便海外观众，参展单位的宣传品均须中英文对照。

②参展单位的宣传品不准出现“中华民国”字样。

10.4.5 清洁卫生管理

①主搭建单位负责对标准展位每天定时吸尘两次，其他时间的卫生由参展单位自行负责。光地特装展位的卫生自始至终由参展单位自行负责。

②不得使公共区域受阻或堆放垃圾，不得在展馆卫生间和水池倾倒任何废水、食物和垃圾。如有违犯，该参展单位将承担由此引发的所有费用，包括下水管堵塞的疏通费用。

③任何含水的展品及辅助设备必须在展览结束时被仔细排尽水，以保证不将水排放到展馆及会议大厅的地面上。参展单位承担所有排水费用，并承

担由于排水不当而对展馆造成的任何损害。

④不允许任何家畜和动物以任何方式进入展馆。

10.4.6 消防安全管理

①为了保障展馆及人员安全,展馆内严禁吸烟,违者罚款。搭建、布展、正式展出和撤展期间严禁动用明火。严禁展出、使用易燃易爆危险品。

②搭建展位或其他建筑所使用的材料燃烧性能等级不得低于 B1 级(难燃型),对于少量局部使用的可燃材料应当进行防火处理,达到 B1 级要求之后方可使用。

10.4.7 悬挂物管理

①在展厅内屋顶悬挂横幅,应由展馆的工作人员进行。收费及有关细节请与展馆联系。

②须事先获得展馆的书面批准才能将气球带进展馆。清除悬挂于天花板和中厅内气球的费用由参展单位承担。

③除非事先获得展览办公室和展馆的书面许可,禁止在展馆公共区域内悬挂或散发任何宣传材料。

④所有展览需要的索具配备必须事先获得展馆批准。只有展馆指定的施工单位才能装配索具,费用由参展单位承担。

10.4.8 演示、操作管理

①所有做运行演示的机器均应安装安全装置及运行标志。只有当机器被切断动力源时,这些安全装置才能拆除。

②运行的机器必须与参观者保持相对安全的距离,并建议使用安全防护装置。

③只能在所租用区域的展位上演示机器、器具,演示时须由合格的人员操作、监管。若没有采取充分的防火措施,不得使用发动机、引擎或动力驱动机器。

10.4.9 压力容器的使用

①在任何时间,放于租用区域或展位内的固体和液体的库存不得超过 1

天的使用量。

②剩余物应置于适当的容器中，并标明记号，根据政府相关的废弃物处理方法进行处置。

③主运输单位负责对存放氦、压缩气、氩、二氧化碳或任何物品的压力容器合理存储运。

④一旦展馆通知租用方，租用方应立即将压力容器移至展馆指定位置。所有带入展馆的压力容器和设备应遵守有关安全标准和规章。

10.4.10 油漆施工管理

不允许在展馆内对展品和展示材料进行油漆施工。仅在进馆期内，允许在展馆内对展示材料进行修补性的油漆工作。

而此类工作必须采取下列安全保护措施：

①油漆、喷涂等作业时应使用无毒油漆或水溶性的涂料，保持通风良好，并设立禁火区，落实防火措施。油漆等易燃易爆危险品应存放在展馆外的安全场所。

②盛放溶剂、油漆的容器必须妥善保管，用毕运离，不得存放在展馆内。

③不准在展馆地面、墙面打孔、制漆、刷胶、张贴、涂色，不准损坏展馆设施，油漆工作不准在展馆垂直结构处（即墙）进行。必要的油漆施工须用塑料膜、干纸等予以有效的覆盖保护。

④不准在洗手间水池及马桶内倾倒各种涂料、易燃液体或冲洗其容器。如油漆工作导致对展馆的任何损害，参展单位应对此负责，并承担损坏部分的修复费用。

10.4.11 消防设施管理

①任何临时搭建物及通向消防栓、电器和机械控制室的门及警铃接触点之间，至少保持1.2 m的通道。

②消防通道禁止堆放物品，违者消防部门将实施清运，如参展单位物品因此遗失，责任自负。

③应急灯、灭火器、火警警报器以及其他任何安全感应装置、设施禁止挪动。

④任何隔墙或展示板不得设置在喷淋装置喷水区域内，与喷淋头之间至少保持0.5 m距离。

10.4.12 电气线路安全管理

①电气线路、电器设备的安装人员应持有有效电工操作证。

②电气线路的铺设、用电设备的安装应由专业电工持证上岗作业。

③电气线路的铺设应当架空固定布置,沿地铺设的电气线路应穿管保护或铺设过桥保护。

④电气线路的布线应当采用护套绝缘导线,导线之间应用陶夹连接,不得直接连接。其余应严格按照低压配电设计规范(GB－50054－95)执行。

10.4.13 电具安全管理

①电锯、电刨、电焊、电割等施工作业一般应在室外进行。确需在室内操作的应加强防火安全,及时清理废料,严禁明火。

②灯具与可燃展品之间应保持50厘米以上的距离。

③霓虹灯广告需向展馆申请获批准之后方可使用,霓虹灯具的安装高度应不低于2.5 m,高压接头处应穿玻璃套管保护,并经有关部门检查合格后,方可使用。

④大功率用电设备的安装使用应经展馆核定,在保证安全的前提之下方可使用。不得使用大功率卤钨灯。

⑤不得使用电加热器具。

⑥室内外的电器照明设备都应采用防潮型,落实防潮等安全措施。

⑦任何加热器、铁烤架、发热器或明火装置、蜡烛、灯笼、火炬等,未经展馆和有关部门书面批准,禁止进入展馆或进行展示。

思考题

1. 思考会展物流服务和展场管理的内涵。

2. 收集国际国内的标准代理服务合同模版,收费标准、现场管理的法则等。

3. 摊位进场搭建的现场管理有哪些条例?

4. 指定主场物流代理公司职责范围?

5. 标准摊位的基本配置有哪些?

第11章
会议的空间组织

【本章导读】

本章针对会议中的空间组织的内涵和应用做了细致的研究和探讨，结合案例对会议的组织和类型以及设计之间的关联进行具体的研究。

【关键词汇】

基本要素　会议类型　会议组织　预算内容　设计要求

11.1 会议基本要素

11.1.1 设施

会议产业与商业旅游和从国际性展览会到私人产品推广会的展会重叠,同时它还包含从国际性的会议到满足各团体需要的各类会议。各类设施间的界线也是模糊的,为其他用途而建的许多经营场所有可能作为会议或其他相关事件的临时场所,同样地,几乎所有专用的集会或会议中心都配备有可满足其他文化娱乐需要的设施。

此外,展览会的范围很广:它们可以短暂地、频繁地变化着,也可以大体不变;参加者可以是大众,也可以仅限于贸易和专业人员;会场可建在适合各种会议的礼堂或专为特殊展会而建的场所。

11.1.2 会议的衡量

由于会务业涉及传达信息,而由于缺乏可以普遍接受的能够界定和量化会议的不同种类的词汇,使得这一行本身复杂化。调查已经展开了,每类会议都应有其自身的衡量标准,而市场情报的缺乏又限制了统计值的对比和对这一产业比例及价值的正确评估。

会议组成的因素有到会者的最低人数、会议的周期、会议的主题和活动内容。在有些情况下还包含所使用的场所的种类,这些因素的限制在一些部门相当严格,这些部门的大多数会议都是小型的,但合计起来却在总数中占有相当大的比例。

11.1.3 会议与展示设施

解决机构运营问题的计划、既定事实和信息。它们通常对同一公司、社团或职业的成员有所限制。这种会议的组织不是很正式,但它鼓励在达到规定目标活动中的集团参与。参加研讨会的代表人数可达到 150 人,但人数在 30 ~ 50 人之间的研讨会更典型。研讨会的特点影响了会场布置的方式,桌椅一般被布置成中空的方形、圆形、半圆形以满足其需要。

11.2 会议的类型

11.2.1 代表会议

大批成员定期聚集在一起,主要是为了讨论某一特殊问题。一次代表大会可以持续几天,也可以同时进行几个会期。代表会议间的间隔时间是在执行阶段前就定好了的,可以是几年一次,也可以是一年一次,大部分国际性的或世界性的代表会议是前一种类型,而全国代表会议则频繁地一年举办一次。代表会议大厅在设计上满足了容纳多人的要求,观众席的座位通常是连着的或剧院式的,带或不带内置式写字板。一定数量的具有伸缩性的会议室是为小组会议所准备的。常委会是指人们专门聚到一起商议或讨论某些特殊问题的会议,也可指审议团体或立法机关的定期会议。为此类目的而设的会议室通常按议会的风格安排。

11.2.2 研讨会

研讨会主要是审议团体或社会、经济群体的总的正式会议,目的是为了提供特殊信息,在与会者中展开讨论并最终达成政策上的一致。通常在各个固定目的上的持续时间是有限的,但开会的频率是不定的。此类会议一般会提供大部分信息,围绕特殊的主题组织,而且常伴有展览会。

11.2.3 观摩会

观摩会是由特定领域的专家在众多观众面前所做的小组讨论。虽然也有观众参与其中,但人数要比讨论是少。讨论会是在特定领域内专家们站在一个问题的对立双方的立场上所展开的小组讨论,这种会议为观众提供了大量的参与机会。小组讨论会在各持己见的两个或更多发言者间展开的讨论。讨论由会议主席主持。演讲由专家做正式陈述,其后还有回答提问的时间。座谈会会议的议题由参加者决定,然后负责人围绕提出频率最多的问题来安排程序。这种会议的重点均等地放在讲授和讨论上,与会者通常达到35人之多。发布会附属会议,发布会为专家、学者、顾问和工作在这一领域的其他人士提供了机会,他们可以通过这一机会来展示与其工作、服务相关的信息,也可以与感兴趣的代表讨论细节。发布会的展品可以设置在中央大厅、门厅、专用的展览会空间或独立的房间里。

11.3 会议组织者的主题选择与服务供应商

11.3.1 会议主题探讨

ICCA 所记录的 1997 年的会议有 114 个以上与医学有关,而且这一比例已随着这一学科在世界范围内的迅速进步而逐年递增。还有许多会议与技术、交通和通信有关,这些主题下的会议常常包括联谊展览会。

国际社团会议的主题:科学、技术、工业、交通和通信、安全和保险商业、经济、管理、法律、农业、生态和环境、运动与休闲、文学与理想、艺术、建筑、教育、语言学、文学、历史、地理、数理统计、丛书与情报、社会科学及其他主题。

11.3.2 服务供应商

1)航空公司

无论是个人的还是团体的旅游需要,商业旅行市场都是航空公司运营的重要部分。由于商业旅行在地点和项目的选择上不是随意的,承运者间的竞争和巩固客户忠诚的需求导致航空公司卷入几种标准的团队旅行服务。

2)酒店

大部分市内和机场的酒店及旅游胜地的酒店依靠商业旅行市场。集会、会议和带薪旅游产生了很大的收益,也证实了专门的推销已引起了人们的注意。会议住宿者日消费的中间值通常是一个紧缩开支的客人的 2.4 倍,接近旅行代理商和团体预订的 2 倍,也经常是旅行团联系的 3 倍。

3)会议、集会的场所

场所也自制说明书来描述并以插图说明设施及可得到的服务,附有独立的价目表以及这一地区的名胜。大场所也尝试开展与酒店相似的推销活动,组织重大集会需要比较长的准备期。

4)其他经营场所

大部分行政的和可住宿的会议中心在运作方式上与酒店的定位相似,尤其是在团体市场方面。它们不受限制,可与几个客户公司有联系,也可只为一个客户实体运作。除它们自己的促销外,大部分会议中心属于代理团体。

5)服务机构

组织大规模的国际会议和集会需要广泛的全面服务机构去完成会议管理安排,如:

①满足特殊需求的住宿;
②就餐和宴会;
③社交节目;
④陪同人员的活动;
⑤热情的办公服务;
⑥学术参观;
⑦会前或会后旅游。

6)参与的机构还可提供下列服务

①筹划过程中的创造力;
②经营过程中的忠告;
③通信设施;
④在国外召开的会议安排组织同潜在的赞助者和合伙人联系,等等。

11.4 组织与预算

11.4.1 组织者

会议、集会及相关事件的组织可由协会或公司自己进行,也可由专业组织者作为它们的代表来进行。就公司而言,安排特殊会议的责任通常比一些其他的职责次要,例如,经营领导者或秘书虽然许多实体有会议办公室,协会常常有一个全权负责的常务秘书。有关会议的程序、场所和其他问题一般由委员会决定。专业的组织者常常专门从事带薪旅游管理和会议的筹划或展览会的组织，而且他们中的大多数人属于可以集中体现他们的利益并拟定指导方针和标准的协会。服务机构随客户命令的不同而变化，还可包括所有方面的服务。

成功的会议与引起谴责和失望的会议间的界线是明确的。此外，不同作用的力量属于组成"会议"组合的各个部分，主要取决于团队的兴趣和态度。高度吸引一个团队的事物未必适用于另一个团体。来自美国社团的各方面调查认为最重要的 4 个因素总体来说如下所述：学科的重要性；优良的设施；与同龄人交换意见的机会；优越的地理位置。

11.4.2 预算

在为社团代表会议或集会预算的过程中，有两种消费模式可供参考：会议计划开支和非强制性的消费。

计划费用包括：

①会议事务筹资阶段租金、税金。

②管理安排费用，演讲者的旅行费及杂费；租用或购买专门的设备和特殊的服务设施的费用；购买运输设备和文具；为会议办公室配备职员的费用。

③印刷的材料费：请柬、程序表、登记表。

④广告费用和给潜在代表直发的邮件费用。

⑤准备、印刷及分发文件和会议记录的费用。

⑥会议所需的陈列品和奖章的费用。

⑦各种细节：徽章、专门的表格、纪念品所需的费用。

⑧上述费用可以通过几种途径获得补偿：

把费用算入部分登记费中、指派由协会或公司允许的基金作为会议支出、出售节目单或其他出版物上的版面、将空间租给其他展览会。非强制性的额外消费由组织负责报销，包括在登记费中或由委员直接负担。

⑨特殊的事件：娱乐、就餐的费用由相关公司赞助。

⑩其中可能出现业余时间为了放松而进行的娱乐的费用，诸如专门的午餐会、晚宴、聚会之类的特殊事件。

⑪旅游或技术参观。

⑫为陪同人员而设的节目。通常独立的费用由代表和陪同人员承担。食宿的费用通常包含在登记费中，这样做的目的是为了简化同酒店和其他机构的契约及合同的订立——要提前按预计的人数和费用做好准备。

11.5 不同会议空间的设计要求

11.5.1 小型会议室

小型会议室的设计要求如下:

①自然光:窗上安有可调节的百叶窗和自动的遮光屏风。在嘈杂的环境中,需要双层或三层的玻璃。.有单独房间内开关的通风系统,有可控制的一致的空间照明(300 LX)。

②房间之间和房间与其他区域之间良好的隔音设备,声音传递等级 45 ~ 50 或更高房间内吸音设备的听觉平衡。

③没有强烈对比的中性色彩的装饰,构造平衡的淡色和铺地毯的地面。

④家具——通用的优质桌椅,教室桌子的典型宽度为 1 500 mm(适用于两人宽约 400 mm);装配部件——可伸缩的投影屏幕,可移动的自板和附加的板材,轻便的图表架和便于移动的薄板。

⑤设备——电影和幻灯片的投影装置、等离子屏幕和控制器、投影电视,所有这些都有适当的支架和墙上的固定点。为了方便针对项目的管理,有些套房可能安有可移动的电视系统和安装照相器材,在会议室间可能设有独立的投影室。

⑥如果对商业午餐有需要的话,可以向一间或更多的房间提供快速的餐饮服务,使用一间食品储藏室和手推车。

11.5.2 中型会议室

中型会议室通常会得到最大限度的使用,它们为公司会议、团体和地方团队会议所需,还为大型代表会议的工作会议所需。最大的区域 100 个座位可能是可分开的,但大多数制成标准尺寸的永久房间在设计上可有选择地摆放家具,并且被集中地安排在一起,它们在门厅的周围沿走廊而设。房间的大小是精确的,而且必须与家具的尺寸和计划好的布局相关,以确保空间的有效利用。可供选择的座位安排形式包括剧院式、教室式、封闭式、广场式、倾斜式、集中式等。

设计要求与小型会议室类似。

11.5.3 大型会议室

大会议室或大厅相当于较大的会议中心的大舞厅,并扮演着相似的角色,用于晚宴、商业午餐、特殊的典礼、招待会、说明会、产品推广会和大型团体会议。设计上的要求也是相似的,只是比例、规模小了一些。代表会议和集会的大部分是在这一规模范围内的。而大多数会议中心有 2 间或 2 间以上可容纳 200~300 人和 350 ~ 500 人的独立团体的大厅。为了满足召开 350 ~ 500 人的独立团体的会议需求,安装可自动伸缩的讲台和简易看台是适宜的。

适于容纳 10 ~ 20 人的房间可用于临时会议团体,也可用做额外的办公室、董事会会议室、记者室和会客室。为了通信,这些房间必须装备优良、多采用 ISDN 线和计算机联网终端、电话、传真和电视记录。环境的标准同其他会议室相似,但会客室和董事会会议室在几个方面有专门的高要求:噪声隔离、隐蔽性和安全性。

11.6 代表会议中心内的展览会设施

11.6.1 益处与可行性

产品及服务的展览会经常伴随大型的集会和代表会议举行。这样做的益处包括:扩展代表们的兴趣、产品情报附加的应用范围,加强出席的价值,增加收益来源(展会空间和展架的租金),等等。

同会议相比,展览会可为场所提供者带来更多的经济效益。内部服务范围的扩展和就业需求的产生也增加了经济效益。然而,这一额外投资的市场可行性必须仔细考虑,包括利用的现实价值——考虑其他贸易博览会设施在这一地区的可得性、使用和操作中的实际问题和市中心发展所需的费用。

展会需求可大体分为三大市场部门:代表会议和集会、公司会议和独立的展览会。

11.6.2 设施的范围

随地点和经营规模的不同,代表会议或集会中心的设施可能包括:

①门廊和入口大厅处简单告示牌和咨询点的空间;

②为宴会和会议服务的多功能大厅;

③拟定用途的大厅为此用途而做特别的设计,与邻近的贸易博览会场地相连。

多数随会议举行的专门展览会展区约有50% ~80%的面积用于展示,而其余的则被走道、紧急火灾逃生道和为参观者服务的辅助设施所占据。因此,在代表会议和集会中心内有目的地修建的展厅的面积总体上在1 000 ~3 000 m^{2}的范围内。

以亚洲会展节事财富论坛为例,其会场设计方案见图11.1至图11.6。

图11.1 亚洲会展节事财富论坛主会场设计方案

图11.2 亚洲会展节事财富论坛分会场设计方案

图11.3 亚洲会展节事财富论坛签到台设计方案

图11.4 亚洲会展节事财富论坛会场导引牌设计方案

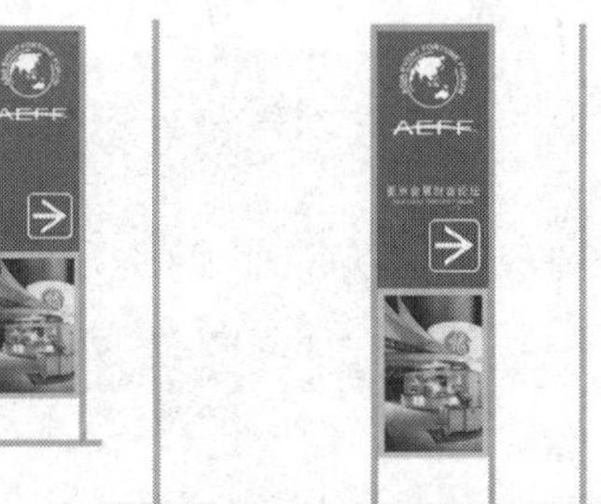

图11.5 亚洲会展节事财富论坛会场导引牌设计方案

图 11.6　亚洲会展节事财富论坛招待酒会背景板设计方案

以第二届世博会为例,其部分设计方案见图 11.7 至图 11.15。

图 11.7　第二届世博会与展览展示国际论坛胸卡设计方案

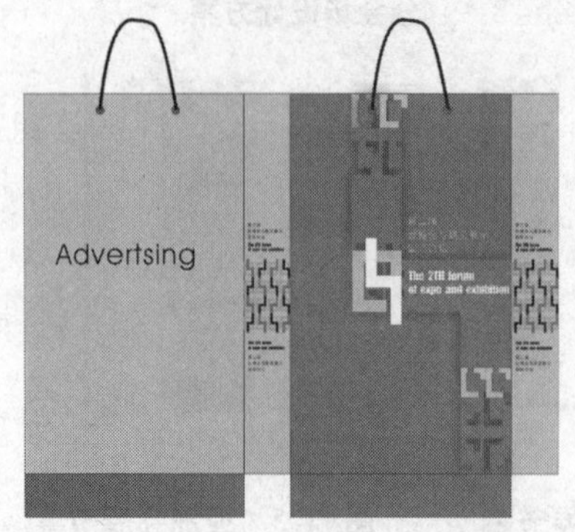

图 11.8　第二届世博会与展览展示国际论坛文件袋设计方案

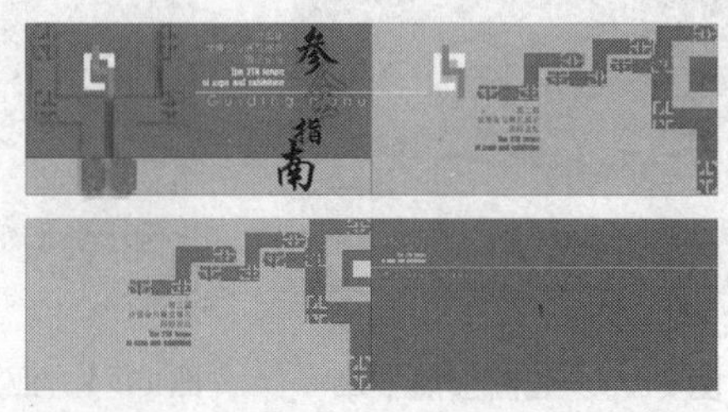

图 11.9　第二届世博会与展览展示国际论坛参会指南设计方案

图 11.10 第二届世博会与展览展示国际论坛台卡设计方案

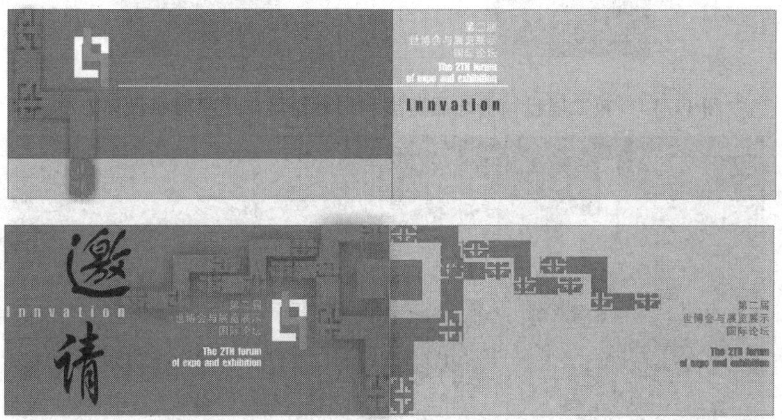

图 11.11 第二届世博会与展览展示国际论坛邀请卡设计方案

图 11.12 第二届世博会与展览展示国际论坛欢迎墙设计方案

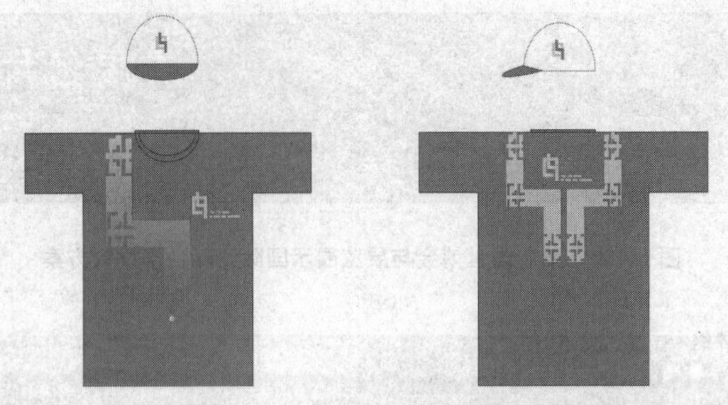

图 11.13　第二届世博会与展览展示国际论坛志愿者着装设计方案

图 11.14　第二届世博会与展览展示国际论坛主会场背景板设计方案

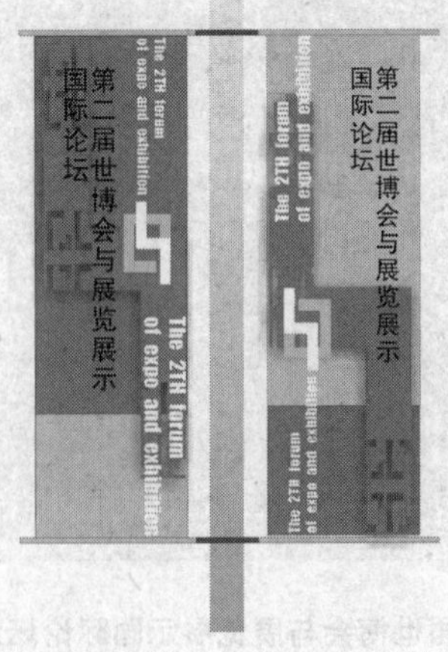

图 11.15　第二届世博会与展览展示国际论坛道旗设计方案

思考题

1. 请思考会议中的空间组织的内涵和应用之间的关联。

2. 请虚拟一个国际论坛内容,依据插图元素设计一组国际论坛主要平面视觉方案。

3. 简述会议的分类。

4. 通过网络了解中非合作论坛的议程。

5. 请为“中西部合作论坛”设计制作会议吉祥物及会刊。

6. 请列举会议费用的项目清单。

参考文献

[1] 顾馥保. 商业建筑设计[M]. 北京:中国建筑工业出版社,2004.
[2] 卢晓. 节事活动策划与管理[M]. 上海: 上海人民出版社,2005.
[3] 彼得·塔洛. 会展与节事的风险和安全管理[M]. 北京:电子工业出版社,2004.
[4] 林福厚,马卫星. 展示艺术设计[M]. 北京:北京理工大学出版社,2006.
[5] 桑德拉·L·莫罗. 会展艺术会展管理事务[M]. 上海:上海远东出版社,2005.
[6] 米尔顿·阿斯特佛,马克特恩·康斯坦特. 会展管理与服务[M]. 北京:中国旅游出版社,2002.
[7] 村上末吉. 商店建筑[M]. 东京:株式会社商店建筑社,2005.
[8] 艾莉丝·特莫罗. 平面设计为什么[M]. 北京:中国青年出版社,2006.
[9] 朱淳. 商业会展设计[M]. 上海:上海人民美术出版社,2006.
[10] 戴光全. 节庆节事及事件旅游[M]. 北京:科学出版社,2005.
[11] 吴家骅. 景观形态学[M]. 北京: 中国建筑工业出版社,1999.
[12] British design 2004—2005[M]. BIS publishers,2005.
[13] Joseph boschetti. Spaces water[M]. Australia:the images publishing group,2005.
[14] 和田光太郎. Popdesign[M]. Tokyo:AG. publishers. inc, 2004.
[15] Kelley Cheng. Style shopping. Singapore:page one publishing private limited,2005.
[16] Shotenkchiku-sha. Shop face-2. Tokyo:Shotenkchiku-sha co. ,ltd,2005.
[17] Ramseysleeper. Architectureal graphic standards . USA:john wiley & sons,inc, 1988.

[18] Kimura masahiko. Display commercial space and sign design [M]. Tokyo: Hosokawa ya sou Rikuyosha Co,. ltd.

[19] Karin schutte. Messdesign jahrbuch 2005—2006 [M]. stuttgart, avedition, 2006.

[20] Conway Lloyd morgan. Trade fair design annual 2006—2007. stuttgart, avedition, 2007.

[21] Graphic design. amsterdam: BIS publishers, 2002.

后记

会议与展览业是一个发展极为迅速的服务型产业。曾经有人预言网络的快速发展将取代整个会展行业，然而，产业发展表明人际交往与沟通是电磁讯号无法取代的，老朋友的一个握手，新客户的一杯清茶，远胜过键盘的百次敲击。人们在舒适的环境中面对面的交谈建立起信任，成为新的商业伙伴，新的合作对象，大家有了新的商业机会，会议与展览成了合作的平台，经济社会发展的润滑剂。同时，展会与会议平台的搭建为不同地域文化融通交流提供了机会，会议展览业起着不可取代的桥梁作用：它为国家与国家之间，公司与公司之间，人与人之间提供一个亲密接触的机会，使我们有机会感受不同文化的存在价值，使我们感受到不同地域的生活方式。世界是多样性的，会议与展览真实地将多样性呈现在我们面前。在现代会展业的发展过程中，形成一系列产业服务模式与服务规范，会展教育必须建立与产业发展相适应的会展教育体系，使之为产业的快速发展提供人才保障。

为了更好地建立一套与产业更紧密结合的会展策划与管理专业系列教材，我们尝试与产业链对应的立题：以会议与展览空间的设计语言的创立及应用为目的；以展示设计专业对空间语汇的使用为论述方向，结合建筑、社会艺术、展示行为模式以及人的行为尺度等展开论述。科学系统地引导读者去完整地理解展示空间中特定空间的功能性需求，为读者能独立地理解与使用、创建丰富的展示空间奠定扎实的理论基础。本书列举大量的实际案例并围绕这些案例设计独立的章节作业，使读者的学习更加具有针对性。

本书也力求在相对宽阔的知识架构下，探讨会议、展览和演艺不同的层面，由于篇幅所限，许多问题只能点到而已。需要说明的是，由于会展水平发展的差异，本书中所包含的一些技术术语，国内国际没有统一认定的标准，我们仅能依据业内通行的规定进行表述，不当之处敬请原谅！同时，我们希望能够系统地将会展领域，特别是展示空间搭建领域内所涉及的知识内容尽可能的完善，并以此为会展空间设计与搭建专业方向的学生建立系统专业知识结构贡献绵力。

本书由上海工程技术大学艺术设计学院多位教师共同完成，院长马新宇教授负责主审工作，吴亚生、覃旭瑞担任主编。具体编写分工如下：吴亚生负责整体策划和最后统稿，并编写第1，2，3章；晋洁芳负责编写第4，5章；钱永宁负责编写第6章；顾劲松负责编写第7章；朱伟负责编写第8章；覃旭瑞负责编写第9，10，11章。

由于编者水平有限，加上时间仓促，本书难免存在疏漏和不当之处，欢迎专家和广大读者批评指正。

作　者

2007年7月